悲不馁 伤不悔

哀伤面前自我修行

主编 拾 月
编著 张玲玲

图书在版编目（C I P）数据

悲不馁 伤不悔：哀伤面前自我修行 / 张玲玲编著
. -- 北京：现代出版社, 2015.4
ISBN 978-7-5143-3521-7

Ⅰ. ①悲… Ⅱ. ①张… Ⅲ. ①成功心理－青少年读物
Ⅳ. ①B848.4-49

中国版本图书馆 CIP 数据核字(2015)第 067935 号

悲不馁 伤不悔：哀伤面前自我修行

主　　编　拾　月
编　　著　张玲玲
责任编辑　王敬一
内文制作　诚美天下文化传播有限公司
出版发行　现代出版社
地　　址　北京市安定门外安华里 504 号
邮　　编　100011
电　　话　(010)64267325
传　　真　(010)64245264
邮　　箱　xiandai@cnpitc.com.cn
网　　址　www.1980xd.com
印　　刷　三河市华晨印务有限公司
开　　本　700mmx1000mm　1/16
印　　张　9
版　　次　2015 年 5 月第 1 版　2021 年 3 月第 3 次印刷
书　　号　ISBN 978-7-5143-3521-7
定　　价　29.80 元

前言

青少年是社会最宝贵的财富，是人类的希望和未来，正所谓“少年强则国强”。正因为如此，大至一个国家、一个民族，小至一个家庭、一个家族，都特别重视青少年的教育问题。希望他们成为社会的中坚，家族的骄傲。一句话，就是希望他们成为成功的人。于国，能成为有用的人才；于家，能成为顶梁柱。不仅仅要学习好，还要有辨别人世间的善、恶、美、丑的能力。在每个人的人生中，除了需要自身的因素之外，还需要拥有感受世界的能力。

奋斗、入迷，能够凝结青春的斗志，坚定自己的思想，让青少年变得愈加阳光朝气。

愤怒、恐惧，能够学会操控自己的情绪，让自己无所畏惧的前行。

哀伤、困惑，能够端止青少年人生态度，获得积极的正能量。

时间、低调，能够规划行动，懂得韬光养晦，让人生不在纠结、忧郁中度过。

成就、心态，能够体会到收获的喜悦，修炼出一颗无比强大的内心。

青春，是每一个人最美好的一段时光，也是每个人人格、性格定型的重要阶段，在这个时期，我们需要享受青春的快乐，同时也需要完成自我塑造。通过心理自助，最终从一个小男生、小女生逐渐成长为一个有着健全人格的人，成长为一个对社会、对家庭、对自我有着相对完整认知的人，成长为能够为自己的未来做主的人。这才是一个最充实、最有价值的青春。每个梦想都值得我们认真对待，每个青少年都是未来的希望。在青春之中，我们不仅要有欢乐，同时也要拥有未来！

本丛书是你化解烦恼的“心灵鸡汤”，可以给你增加快乐的心理自助法则；本丛书会让你认识到：掌控心理，方能掌控世界；改变自己，才能改变一切。本丛书还将告诉你：只有实现积极的心理自助，才能收获快乐而充实的青春。

目录

第一篇 风雨彩虹，成长背后总有代价的付出

战胜挫折，经历风雨也是一种幸福 002

不屈不挠，坚持背后的美丽 006

遇事从容，花香常在夜色中 012

豁达释怀，原谅一切可以原谅的 016

远离悲观，用乐观的情绪支配生命 022

第二篇 阳光心态，换一个窗口欣赏风景

030 笑一笑，生命才会精彩纷呈

034 遥控快乐，将心灵的视窗调至快乐频道

040 知足人生，抓住无形的幸福

044 远离抱怨，发现全新的自己

048 心存感激，发现世上更多的美好

第三篇 进取青春，莫为明天徒增哀伤

果敢前行，不要纠结于过去 056

加法人生，将有限的青春合理规划 060

后悔无益，过去的就让它随风而去 066

善待缺点，“人有缺点才可爱” 070

乐观积极，用快乐点亮前程 074

目录

第四篇 改变自己，好心境铸就好未来

080 学会变通，让自己适应世界
086 自我鼓励，给自己一点勇气
092 耐心等待，成功只垂青于有耐心的人
098 放下面子，不为面子而活受罪
104 享受烦恼，就是享受生活

第五篇 突破自己，哀伤时请自我审视

平允做人，偏激是一种心理顽疾 110
平和处事，愤怒是你自己的敌人 114
有容乃大，忍小事成大事 120
天道酬勤，业精于勤荒于嬉 124
力争上游，安于现状要不得 128

第一篇

风雨彩虹，成长背后总有代价的付出

成长就是在一路风风雨雨中坚持行进，不要抱怨生活给予了太多的磨难，不必抱怨生命中有太多的曲折。生命只是一个过程，从出生到死亡，我们都只是在履行我们作为一个生命体所应承担的责任和义务。

大海如果失去了巨浪的翻滚，就会失去雄浑；沙漠如果失去了飞沙的狂舞，就会失去壮观；人生如果仅去求得两点一线的一帆风顺，生命也就失去了存在的魅力。

战胜挫折，经历风雨也是一种幸福

故事话题

汤显祖是中国古代伟大的浪漫主义戏曲家、文学家，被誉为东方的“莎士比亚”，他自幼天资聪慧，勤奋好学。12 岁就能写出令人称道的诗作，14 岁便补了县诸生，21 岁中了举人。按他的才学，在仕途上本可望拾青紫如草芥了。但是，当时的科举制度已然成了贵族子弟世袭地位的骗局，而不以才学论人。

万历五年(1577)、万历八年(1580)两次科举考试中，当朝首辅张居正要安排他的几个儿子取中进士，为遮掩世人耳目，想找几个有真才实学的人作陪衬。他打听到海内最有名望的举人无过于汤显祖和沈懋学等人，就派亲信去笼络他们。沈懋学等出卖了自己，果然中了高科。但汤显祖却洁身自好，一无所动。

汤显祖秉性正直，对首相张居正的政治改革他是拥护的，然而他不能容忍官僚腐败的污秽，接连两次果断拒绝了招揽。他此举得罪了当权者，四次会试均名落孙山。但他高洁的操守受到仁人志士的交口称赞。张居正死后，34 岁的汤显祖第五次会试，以极低的名次中了进士，布满荆棘的仕途从此开始。

在历经坎坷打击之后，他终于不再对朝政抱任何希望，尽心于热爱的文艺，为世上留下旷世杰作。

故事解析

汤显祖以自己的铮铮傲骨战胜科举考试的黑暗与不公，虽然屡遭挫折，耗费了很多青春岁月，但他意志坚强，心胸开阔，并没有被击垮，终其一生都是在按照自己的理想前行，不断调整，最终确定出最有意义的选择，成为文艺大家。

有这样一句话：人活在世，最能体现你人生价值的不是你成功了多少次，而是你面对打击与磨难，战胜了多少次。

人生的道路上，总会经历这样或那样的困难，打击、磨难、成功与失败，在每一次的交锋与挑战中，有多少人选择了勇敢地走过去，又有多少人选择了就此放弃；有多少人选择了另辟蹊径，又有多少人从此萎靡不振。不同的人，潜在的能力也不同，而唯一相同的是没有人真正知道自己的潜能到底有多大。有的人活一辈子都没能真正地了解自己潜在的能量，注定只是庸庸碌碌的一生。而有的人一次又一次地挑战着自己的能力极限，铸造出辉煌灿烂的人生轨迹。

面对困难的时候，真正缺少的只是再一次的坚持，坚持了，就能收获意想不到的结果，领略坚持背后的美丽。

故事穿越

贝多芬是西方古典音乐中的恺撒。他诞生在德国波恩市的一个音乐世家，4 岁时就会弹奏羽管键琴，8 岁起登台演出，获得了音乐神童的美誉。

17 岁时，贝多芬去拜访音乐大师莫扎特。莫扎特在听完贝多芬弹的几首钢琴曲后兴奋地向大家推荐道：“各位，请注意这位年轻人，不久的将来他就会博得世人的称赞！”莫扎特还答应给贝多芬上课，然而可惜的是，两个月之后，贝多芬的母亲突然去世，父亲意志消沉，他不得不回到家乡挑起了养家糊口的重担。

后来，贝多芬认识了李希诺夫斯基公爵，来到了维也纳。很快就凭借着自己的即兴钢琴演奏迷住了维也纳人。

30 岁时，贝多芬的耳朵患上疾病，听力下降。他曾竭力治疗，却无济于事，最终连窗口对面的教堂钟声都听不到。贝多芬绝望了，几乎失去了活下去的勇气，但他不甘心，坚信音乐能拯救他——“我要扼住命运的咽喉，不容它毁掉我！”贝多芬立志要在余生中从事音乐创作。

用了近两年的时间，他终于创作出第一部作品——《第三交响曲》；54 岁时，创作出《第九交响曲》，他前后用了 6 年时间来创作、修改这部曲子。

1824 年 5 月 7 日，《第九交响曲》首次在维也那卡德剧院演奏，贝多芬不看乐谱，仅凭记忆亲自指挥。听众们兴奋若狂，鼓掌次数多达 5 次！而皇族成员出场也不过 3 次。

故事微语

音乐巨人贝多芬经历了最为可怕的遭遇——两耳失聪，难怪他发誓说要扼住命运的咽喉，因为命运对他实在太无情了。他说到做到，失聪后不但没有放弃音乐事业，反而向前推进了一步，成长为作曲家，音乐领域最具含金量的职位，并且取得巨大成功。

这时再看双耳失聪的不幸，反而要感谢命运的安排，让贝多芬挑战自己，突破自己，在音乐的道路上牢牢地竖起了自己的里程碑。

在灾难降临时，心境必然会跌入悬崖，经受无上的伤痛、折磨，然而，一旦能够坚定地重新站起来，等待你的一定是清朗的天空，靓丽的彩虹。回首来路，挫折带给心灵的冲击、积极应对的焦灼、他人给予的温暖，一切的一切，真实、激越。

只有经历过苦痛，人生才会饱满，才会有真正甜美的笑容。

心灵箴言

困难是人的教科书。

——朝鲜谚语

最困难的时候，也就是离成功不远的时候。

——[法] 拿破仑

困难与折磨对于人来说，是一把打向坏料的锤，打掉的应是脆弱的铁屑，锻成的将是锋利的钢刀。

——[俄] 契诃夫

只有经过地狱般的磨炼，才能炼出创造天堂的力量。只有流过血的手指，才能弹奏出世间的绝唱。

——[印度] 泰戈尔

不屈不挠，坚持背后的美丽

故事话题

英国著名科学家焦耳从小就很喜爱物理学，常常做一些关于电、热之类的实验。

一年暑假，焦耳和哥哥一起到郊外旅游。聪明好学的焦耳就是在玩耍的时候，也没有忘记做物理实验。

他找了一匹瘸腿的马，由他哥哥牵着，自己悄悄躲在后面，用伏打电池将电流通到马身上，想试一试动物在受到电流刺激后的反应。马受到电击后狂跳起来，差一点把哥哥踢伤。

尽管已经出现了危险，但这丝毫没有影响到小焦耳的情绪。他们又划着船来到群山环绕的湖上，焦耳想在这里试试回声有多大。他们在火枪里塞满了火药，然后扣动扳机。“砰”的一声，从枪口喷出一条长长的火苗，烧光了焦耳的眉毛，还险些把哥哥吓得掉进湖里。

这时，天空浓云密布，电闪雷鸣。焦耳发现，每次闪电过后好一会儿才能听见轰隆的雷声，这是怎么回事？他拉着哥哥爬上一个山头，用怀表认真记录下每次闪电到雷鸣之间相隔的时间。

开学后焦耳迫不及待地把实验结果都告诉了老师，请教问题。老师很赞赏焦耳勤学好问，耐心地为他讲解：“光和声的传播速度不一样，光速快声速慢，所以人们总是先看到闪电再听到雷声，而实际上闪电雷鸣是同时发生的。”焦耳听了恍然大悟。

从此，他对学习科学知识更加入迷。通过不断的学习和认真的观察计算，他终于发现了热功当量和能量守恒定律，成为一名出色的科学家。

故事解析

焦耳对自己的爱好很执著，时时刻刻挂在心上，甚至不惧怕危险。出门郊游，天地都成为他的实验室。这么勤奋、坚持、好学，所以他成名成家，超凡脱俗。

当然，在焦耳小时候的一些实验中，也有不够严谨的地方，产生了不必要的危险，这个是一定要摒弃的。

很多人被生活打败，悲观绝望，只是因为缺少了再一次坚持，再坚持一次，就能跨入光明的世界，领略到坚持背后的美丽。对于属于自己的东西一定要执著地追求，并且永不轻言放弃。

人活在世，最能体现人生价值的不是你成功了多少次，而是你面对打击与磨难，战胜了多少次。没有人真正知道自己的潜能到底有多大，只有勇敢面对人生一个接一个的挑战，才能不断刷新能量极限记录，铸造辉煌灿烂的人生轨迹。

故事穿越

20 世纪 30 年代，在英国一个不出名的小镇里，有一个叫玛格丽特的小姑娘，自小就受到严格的家庭教育。父亲经常向她灌输这样的观点：无论做什么事情都要力争一流，永远做在别人前头，不能落后于人。父亲从来不允许她说“我不能”或者“太难了”之类的话。

对年幼的孩子来说，父亲的要求不免苛刻，但是玛格丽特却坚持下来，培养出积极向上的决心和信心。在以后的学习、生活和工作中，她时时牢记父亲的教导，总是抱着一往无前的精神和必胜的信念，尽自己最大努力克服一切困难，事事必争一流，以自己的行动实践着“永远排在前头”。

玛格丽特上大学时，学制五年的拉丁文课程，她凭着自己顽强的毅力和拼搏精神，硬是在一年内全部学完了，而且成绩名列前茅。

体育、音乐、演讲及学校的其他活动方面她也都一直走在前列，是学生中凤毛麟角的佼佼者之一。校长评价说：“她无疑是我们建校以来最优秀的学生，她总是雄心勃勃，每件事情都做得很出色。”

40 年以后，英国乃至整个欧洲政坛上出现了一颗耀眼的明星，她就是连续四年当选保守党领袖，并于 1979 年成为英国第一位女首相，雄踞政坛长达 11 年之久，被世界政坛誉为“铁娘子”的玛格丽特·撒切尔夫人。

故事微语

撇切尔夫人的成功秘诀就是做坚持的楷模，坚持前排的位置，永不放松。她是不断挖掘自己潜能的高手，最终成为了英国第一位女首相，而且政绩显赫，誉满全球。

人生是不断成长的历程，积满了艰难困苦。能够认准目标，不屈不挠，坚持到底，就是博弈人生的胜利者。

所有人都在努力冲击成功的巅峰，只有顽强地克服了旅途艰辛，不断攀登、跋涉的人才能如愿以偿，甚至开创新的高度。

世间万物都有怒放的权利，关键是能够百折不挠地坚持到那一刻。我们完全能够积极战胜困难造成的哀伤情绪，树立起无所不能的雄心壮志，奋力拼搏，做世界花园中最美的佼佼者。

心灵箴言

谁有历经千辛万苦的意志，谁就能达到任何目的。

——[古希腊] 米南德

忍耐和坚持虽是痛苦的事情，但却能渐渐地为你带来好处。

——[古罗马] 奥维德

我之所以能在科学上成功，最重要的一点就是对科学的热爱，坚持长期探索。

——[英] 达尔文

只有毅力才会使我们成功，而毅力的来源又在于毫不动摇，坚决采取为达到成功所需要的手段。

——[俄] 车尔尼雪夫斯基

遇事从容，花香常在夜色中

故事话题

2009 年 2 月 2 日，正在英国进行正式访问的中国国务院总理温家宝冒雪乘车 100 多公里来到世界著名学府剑桥大学发表演讲。

下午 3:30，剑桥大学音乐厅座无虚席。温总理在理查德校长陪同下步入会场，受到热烈欢迎。温总理走上讲台首先鞠了一个躬。他说，这不是礼节，而是一个学生对待校长和老师应尽的礼貌。他谦逊、亲和的开场获得了真诚的掌声。

温总理演讲的题目为《用发展的眼光看中国》。他用凝炼、有力的语言深情地描绘了一个古而又新、历经磨难而又自强不息、珍视传统而又开放兼容的中国，阐释了中华民族追求进步、崇尚和谐的精神世界，用信心、合作和责任鼓舞人们勇敢地携手应对国际金融危机，共渡难关。整个会场鸦雀无声，全神贯注于总理的讲话。

突然，会场后排角落里一个西方男子开始吹哨喊叫，向讲台投掷鞋子。全场听众对此显露出义愤和蔑视，纷纷斥责他“耻辱!”“滚出去!”工作人员将他带离了现场。

温总理在台上始终镇定自若。他停顿了片刻，用平静而坚定的声音说：“老师们、同学们，这种卑鄙的伎俩阻挡不了中英两国人民的友谊!”全场顿时爆发出雷鸣般的掌声。温总理举起右手，有力地一挥，又说：“人类的进步、世界的和谐是任何力量也阻挡不了的!”场上再次爆发出经久不息的掌声。

故事解析

古往今来，圣哲先贤、仁人志士用自己的思想、品行对“淡定从容”作了很好的释义。

屈原的“九死不悔”；孟轲的“富贵不能淫，贫贱不能移，威武不能屈”；陶渊明的“采菊东篱下，悠然见南山”；文天祥的“人生自古谁无死，留取丹心照汗青”；林则徐的“海纳百川，有容乃大；壁立千仞，无欲则刚”；毛泽东的“敌军围困万千重，我自岿然不动”“不管风吹浪打，胜似闲庭信步”“暮色苍茫看劲松，乱云飞渡仍从容”等等都是阐述从容淡泊的华章。唯有如此，才造就了他们的不凡。

在外压、急迫的客观形势下，一个人能做到达观、自信、胸有成竹，这就是淡定从容。得意时，不必彻夜狂欢；失落时，无需寻死觅活，始终保持宁静的内心，尽显成熟、智慧。

淡定从容是一种胸怀，是一种境界，是一种力量，更是一种进取。

故事穿越

萨依特曾是埃及的一位政府高官，34 岁就做了一个大城市的副市长，前程可谓一片灿烂。可就在他飞黄腾达的时候，他主管的城市却发生了一场严重的火灾，他因此被免职，丢了前程。

37 岁的他离官退位。曾经的位高权重，是出身贫民的他努力拼搏才获取到的优秀成果，一朝丢失，很多人都为他扼腕叹息。然而，萨依特本人却很平静，重新回到乡村过起了平民百姓的生活，自得其乐。他不留恋往日的富贵清闲，更不羡慕过去那些朋友的奢侈生活，脚踏实地地当起了农民。

他在自家的小菜园种菜，每天为菜苗除草、施肥、捉虫，精心照料。没事的时候，他就走村串巷，以收集民间陶器作为自己的爱好。萨依特知识渊博，才华出众，不久他就在收藏上取得了很大的造诣。七八年光景之后，他竟然收集到了几十件世界顶级的民间珍宝。

购买者蜂拥而至，萨依特每卖出一件宝贝，收入都在上千万美元，远远超过他为官时的薪酬所得。有人前来请教萨依特发财的诀窍，他说，甘心于乡村生活让他拥有了简单而清静的心灵，做任何事都能专心致志，特别是对于自己热爱的收藏事业，给他带来无尽的快乐和满足。

萨依特不但远离了丢官产生的恼怒和哀伤，不知不觉还把收藏做到了少见的极致，成为世界级收藏大师，名利双收。

故事微语

萨依特是心胸豁达的人，能够坦然接受命运的曲折，顺其自然，处变不惊，以良好的心态积极面对人生。即使他不再处身高位，也能够做到不留恋、不哀伤，豁达坦然，积极热情，重新融入原本就熟悉的田园生活，寻找到自己的内心，全心全力于听命内心的呼唤，终于获得实质上的成功。

人生是一条漫长的旅途。有平坦的大道，也有崎岖的小路；有灿烂的鲜花，也有密布的荆棘。无论顺境还是逆境，都要从容面对；无论获得还是失去，都要平静地接受。路就在脚下，不管过去多么暗淡，不管未来多么辉煌，一切的过去都以现在为归宿，一切的未来都以现在为起点！

专注于一个方向，终会比别人走得远些。奋进常在孤寂里，成败常在路途上，花香常在夜色中。

心灵箴言

回看射雕处，千里暮云平。

——王维

非淡泊无以明志，非宁静无以致远。

——诸葛亮

人生办一件大事来，做一件大事去。

——陶行知

宠辱不惊，看庭前花开花落；去留无意，望天空云卷云舒。

——《幽窗小记》

当我们正在为生活疲于奔命的时候，生活已经离我们而去。

——[英] 约翰·列侬

豁达释怀，原谅一切可以原谅的

故事话题

台湾明星林依晨在单亲家庭里长大。5 岁那年，父亲就离开了家，母亲怕孩子们难过，总是说爸爸到外地出差，所以一年才看得到几面。

为了养活林依晨和弟弟，母亲担任一名小会计，所赚的钱不够付房租、孩子的学费和日常开销，于是前后办了 10 张现金卡，以债养债，十几年下来负债滚到 300 多万元(新台币，下同)。

当时，就读政治大学韩文系二年级的林依晨浑然不知，直到主演偶像剧《十八岁的约定》一炮而红，酬劳大笔进账时，母亲才告诉她负债的惨况，她倒抽了一口气。

“我平静下来后，接受了母亲为这个家负债的事实，所以我决定扛起责任来，让母亲松一口气。”

林依晨拍戏赚的钱九成给母亲，剩下的一成再以“2:2:6”的方式，分成 3 个储蓄簿保管：“6”是存了不能提领的钱，“2”是存进去非到必要才能提领的钱，另一个“2”才是自己的生活费。

林依晨始终只用最“低”的生活水平来对待自己，帮母亲清偿完所有债务后，又帮穷困潦倒的父亲偿还了 100 多万元的债务。2008 年终于买下东区一栋价值 2000 万元的老屋，实现了家人团聚的美梦。

买了足以栖身的“家”，林依晨对自己不但没放松，反而更严厉了。对她而言，“金钟奖影后”只是从事演艺工作的一小步，她期许未来自己做一名表演艺术家。

故事解析

林依晨成名后才知道，自己竟然处身于巨大的危机中。母亲只是一个单亲妈妈，为抚养孩子欠下巨额债务。林依晨没有抱怨、责怪，她接受现实，更加努力地投入工作，勤俭节约，摆脱了家庭的债务负担，还如愿以偿让一家人团聚。

生命匆匆而过，短短的数十年，好好地享受尚来不及，为什么还要让那些琐碎、不快的事，不会欣赏你的人充斥，让自己深陷无边的痛苦哀伤中？换一种思维方式，学会原谅，去拥抱辜负了你和你所辜负的人，所有的恩恩怨怨，都会让岁月磨平。

自信、充实、豁达、生活幸福的人比较容易原谅，正是源于他们不太计较。生活中很多所谓的阻挠、困难其实不值一提，把握自己的目标方向，执着前行，才是最该宝贵的。

原谅别人是一种豁达，原谅自己是一种释怀，学会了原谅才能享受轻松、愉快，才是自信与成熟。

仇恨，是一个恶性的循环，原谅，是一个良性的开端。

故事穿越

著名导演李安是目前首屈一指的华人导演，毫不夸张地说，他架起了沟通东西方文化的桥梁。

李安做导演，受到父亲的极力反对。父亲是台南一中的校长，觉得孩子们一定要读好书，长大有个正经职业。父亲认为做表演的都是“不正派”的人。但是李安在很小的时候就迷上了电影。

可能是因为父子志愿上的冲突所致，李安小时候脑子总是迷迷糊糊，两次大学联考都落榜，第二年仅差一分。他的二度落榜在李家有如世界末日，他也因为压力过大离家出走，幸被弟弟李岗找回。他只好选择进入台湾大学艺术学院读专科。

1978 年，李安做了一个让父亲十分愤怒的决定，报考了美国的戏剧电影学校。1980 年，他顺利拿到艺术学士学位。接着申请了伊利诺斯大学的戏剧研究所和纽约大学电影研究所。好在父亲还不是个十分专制的“独裁者”，李安到纽约大学念电影硕士要花很多钱，而他并没有得到奖学金，父亲还是支持了他。

以优异成绩毕业于纽约大学后，李安也遭遇了毕业即失业的尴尬，蛰伏了整整 6 年，1990 年凭剧本《推手》一举夺得优秀剧作奖，赢得 40 万美元奖金，获得第一次独立执导影片的机会。随后，凭借影片《喜宴》一跃成为世界知名导演。

故事微语

现在已经跻身好莱坞A级导演行列的李安，成功前也是九曲十八弯，历尽坎坷。是他和父亲相互之间的原谅与宽容让风雨路程有了晴朗的天空，置身碧海晴空之间，心旷神怡，还有什么可抱怨、记恨的呢？走到这里就是对过去一切艰难困苦的谅解，勿需苦苦纠缠。

无论什么艰难险阻，最重要的还是要遵循自己的内心召唤。那不是空穴来风，而是出自我们从最初开始的亲身经历、亲身感受思索的积累，是真正对症自己的良方。而对于实现自己意愿遭遇的种种阻挠与挫折，只有抱宽容、大度的胸怀予以原谅、释怀，才能真正踏步在自己的道路上领取必然的成就。

多看成功人士的成长史，就能够有更多的办法尽量减少实现自我的曲折路径，让自己能够更加轻松、快捷地获取成功。

豁达释怀就是找到并坚持真实的自我，原谅就是卸掉包袱，在自己的道路上专注前行吧。

心灵箴言

不能原谅人是爱不起来的。

——[澳大利亚] 坎皮恩

愚蠢常因为富贵而得到原谅。

——[古罗马] 贺拉斯

友谊的本质在于原谅他人的小错。

——[法] 大卫·史多瑞

一个不肯原谅别人的人，就是不给自己留余地，因为每一个人都有犯错而需要别人原谅的时候。

——[法] 福莱

远离悲观，用乐观的情绪支配生命

故事话题

林语堂评说苏东坡是一个不可救药的乐观派，这使他可以很快适应任何恶劣环境，并加以有效利用。

出身官宦世家的苏东坡自幼一直到入仕立业都是一帆风顺的，但1079年的“乌台诗案”让他的人生出现了转折，由于小人谗言他被宋神宗责令入狱，很快又被流放偏远地区。但苏东坡没有自暴自弃，而是尽量追求人生的意义与生活的乐趣，乃至留下许多佳话。

他在黄州下放时期，俸禄微薄，难以维持生计。他的老友马正卿为他请得城东的营房废地数十亩，让他耕种。苏东坡不以为苦，反以为乐，率领一家老小焚烧蓬蒿棘刺，开荒播种，喂养家禽，终至丰衣足食。第二年冬天他盖了所房子，书写“东坡雪堂”条幅挂于堂上，从此便有了“东坡居士”的雅号。

苏东坡还爱上了烹饪，且屡屡创新。如，他见当地猪肉食用浪费严重，便开创了一道炖杂肉方子：水煮开后，用文火炖数小时，酱油不可少，味美口爽，由此猪头、猪脚也成了正餐。

苏东坡一生屡遭流放，身体备受摧残。他最后一次流放是去海南岛儋州，当时他已是62岁高龄。史书记载，他是载着棺材去的，没打算活着回中原。但他的乐观态度造就了顽强的生命力，促使他挺过了恶劣气候环境。

当初狠力将苏东坡下放到惠州及海南的新党核心人物章惇，后来也被下放到雷州。但他在那里不足3年就抑郁身亡，而苏东坡却活着回到了中原，至65岁方客死常州。

故事解析

苏东坡因生性乐观，顺利度过了许多人生的险恶处境，还发掘、培养了很多爱好，充分享受了生活的乐趣。

乐观的人处处可见“青草池边处处花”，悲观的人时时感到“风过芭蕉雨滴残”。一个心态正常的人可在茫茫的夜空中读出星光灿烂，增强自信；一个心态不正常的人让黑暗埋葬了自己，且越葬越深。

悲观容易，乐观难。人生一世，多舛多难，悲观的情绪就像挥之不去的阴云，时不时就会笼罩在命运的上空。征服自己的悲观情绪便能征服世界上所有的困难，用开朗、乐观的情绪支配自己的生命，你就会发现原来生活别有一番洞天。

悲观使人生的路愈走愈窄，乐观使人生的路愈走愈宽。悲观随时都会不期而遇，乐观则需要努力，需要智慧，才能使自己保持一种人生处处充满生机的心境。

乐观其实是一种机智，是用坚忍不拔的毅力支撑起来的一种风景。

故事穿越

10 岁那年，刘伟因意外触电失去双臂。生性乐观的刘伟，在常人难以承受的不便与痛苦之中，顽强地站起来，执著地要将自己的人生活得精彩、幸福。

伤愈后，刘伟加入了北京残疾人游泳队，并连续两年获得了全国残疾人游泳锦标赛百米蛙泳项目的冠军；19 岁时，出于对钢琴的热爱，他毅然放弃高考，走上了学习钢琴的道路。

在常人眼中，用手学习钢琴都不是一件易事，而没有双臂的刘伟，却选择了用两只脚弹奏钢琴。他说："我从来没有把我当成什么特殊群体，就是你们用手做的东西，我用脚做，只是换了一种方式而已，没有什么不一样。"

就是带着这种乐观而坚强的信念，经过日久艰难的磨炼，刘伟竟真的用双脚弹奏出了完整、动人的旋律。从 2008 年开始，刘伟就开始参加各种演出与比赛，甚至参与了刘德华演唱的残运会歌曲的拍摄。

2010 年 7 月，刘伟一脸淡然与镇定，出现在了东方卫视"中国达人秀"的比赛现场，用双脚演奏了一曲完美的钢琴独奏。演奏完毕，评委和全场观众几乎个个眼含热泪，全部起身为刘伟鼓掌。

有评委问："是什么使你有这样的力量？"刘伟说："在我的人生中只有两条路，要么乐观地活着，要么赶紧死去。"

最终，刘伟稳稳地拿到了"中国达人秀"的总冠军，成就了自己的幸福人生。

故事微语

一个本来沉落于万劫不复深渊的不幸少年，却因为乐观的优秀品性，不但顽强地成长了起来，更屡屡取得正常人都不奢望的成绩，直至荣获全国达人桂冠。

乐观的作用十分强大，能够化绝望为希望，化残疾为神奇。乐观的人，当困难来临时，会选择如何解决问题。悲观的人，在困难来临时，只会抱怨为什么会这样，反而耽误解决困难的最好时机，酿成更加困难的问题，引发更大的痛苦，形成恶性循环。

无论何时何地身处何境，都要用乐观的态度微笑着对待生活，微笑是乐观击败悲观的有力武器。微笑着，生命才能将不利于自己的局面一点点打开。

宠辱不惊，闲看庭前花开花落；去留无意，漫随天际云卷云舒。这是一种心境。既然悲观于事无补，就用乐观的态度来对待人生、善待自己。

心灵箴言

生活，就应当努力使之美好起来。

——[俄] 托尔斯泰

每一个人可能的最大幸福都体现在乐观之中。

——[法] 萨特

我们曾经为欢乐而斗争，我们将要为欢乐而死。因此，悲哀永远不要同我们的名字连在一起。

——[捷克斯洛伐克] 伏契克

人生的道路都是由心来描绘的。所以,无论自己处于多么严酷的境遇之中,心头都不应为悲观的思想所萦绕。

——[日] 稻盛和夫

第二篇

阳光心态，换一个窗口欣赏风景

心灵有一个认识世界的“窗口”，这个“窗口”可以被命名为“心态”。正如窗口的朝向、大小，可以决定视野内容一样，对于一个人的认识，其实就是透过“心态”这扇心灵之窗所看到的那一部分。人濒临心灵窒息和精神危机时，需要推开另一扇心窗，当然，那应是一扇充满欢乐与希望的心窗。人生有悲剧也有喜剧，有失败也有成功，有痛苦也有欢乐，必须学会推开不同的心窗，学会看到痛苦、悲伤和挫折的时候也能看到快乐、美好和希望。

笑一笑，生命才会精彩纷呈

故事话题

她出生于1911年的日本栃木县，父母做大米生意，童年的生活无忧无虑。

年轻时，她就喜欢文学，爱好阅读。五六十岁时，又爱上了舞蹈。阅读满足了她精神的需求，年老独居也成了享受。舞蹈让她有了健康的身体，年龄仅是数字。

92岁时，她跳舞扭伤了腰。儿子看她心情特别郁闷，就让她写诗。儿子的建议给了她很大的鼓励，当她看到自己的诗歌在报刊上发表时，格外高兴，她不停地写，也不停地发表。

2009年秋天，98岁的她出版了处女诗集《别灰心》，当年销量就超过150万册，进入畅销书籍前十名，创造了日本诗歌书籍出版的“神话”。

她的诗歌以梦想和希望为题材，像阳光一样温暖。2011年初，她出版了第二本诗集《百岁》，已经售出了几十万册。当记者问她，你没有意识到自己100岁了吗？她开玩笑说：写诗时没有在意自己的年龄。看到写好的书，才知道自己已经100岁了。

她就是这样乐观。一个人寂寞地生活了20多年，耳闻目睹了人间的许多悲喜剧。100岁的她依旧充满希望：喂／说什么不幸／有什么好叹气的呢／阳光和微风从不曾偏心／每个人／都可以平等地做梦／我也有过／伤心的事情／但活着真开心／你也别灰心。

她就是柴内丰，日本一位平常的老婆婆。因为有写诗的梦想，90岁之前，她默默无闻，90岁之后，一举成名，风头直逼著名作家村上春树。

故事解析

柴内丰老婆婆铸造了奇迹，她的决胜法宝就是乐观爱笑，从不丧失希望，即使她已经阅尽人间悲喜。这是难能可贵的。

生活固然风云涌动，但那都是宝贵的人生内容，只有经历过，人生才圆满。若没有苦难，我们会骄傲；没有挫折，也不再有喜悦；没有沧桑，我们不会有同情心。因此，不要幻想生活总是那么圆满，生活的四季不可能只有春天。每个人的一生都注定要经历沟沟坎坎，品尝苦涩与无奈，经历挫折与失意。

痛苦或是快乐，取决于你的内心。人不是战胜痛苦的强者，便是向痛苦屈服的弱者。再重的担子，笑着也是挑，哭着也是挑。再不顺的生活，微笑着撑过去了，就是胜利。

开心是一种精神滋补，让人容光焕发、春风满面。美丽的心情成就美丽的日子，美丽的日子串成一串，就积成美丽的人生，拥有美丽的人生，无论年华几许，无论你的天空是阳光明媚还是布满阴云，给人的感觉总是温暖。

面对人生的烦恼与挫折，最重要的是摆正自己的心态，积极面对一切。再苦再累，也要保持微笑。笑一笑，你的人生会更美好！

故事穿越

一个拥有万贯家财的富人因为车祸，一夜之间失去了至亲至爱的人。突然降临的灾难，让他没有了叱咤风云的干练和运筹帷幄的智慧，他夜夜不能入眠，在窗户边呼唤着他的母亲、妻子和他最最疼爱的女儿。甚至他失去了求生的欲望，一次又一次想要到天国寻找他的亲人。

偶然的一次，他走到了一所孤儿院，看着那些来到世上不久就失去亲人的孩子，看着那些虽然失去亲人却依旧在阳光下露出的笑脸。他突然觉得，和那些孩子相比，他也许还是幸运的，因为至少他曾经享受过母亲的关怀、妻子的关心、孩子的爱戴；至少他心中留着许许多多这些孩子永远不可期冀的回忆。就在一刹那，他仿佛看到女儿在冲他甜甜地笑，似乎感觉到深陷地狱的灵魂正缓缓飞向天堂。

从此，他脸上重新有了笑容，并且资助了许许多多的孤儿，成了许许多多孩子的“父亲”。他和那些孩子们一起唱歌、一块儿做游戏，幸福地听着那些孩子喊他“爸爸”。

一年后面对媒体采访，他只说了一句话：其实我只是换了个角度看待我的这场灾难，同那些孤儿相比，我依然是幸运的。

故事微语

深陷哀伤的富人，因为看到比自己更不幸的孤儿在阳光下的灿烂笑脸，重新找回生命的温度，鼓起继续生活的勇气。

有很多烦恼和痛苦是很容易解决的，有些事只要你肯换种角度、换个心态，你就会有另外一番光景。当遇到苦难挫折时，不妨把暂时的困难当作黎明前的黑暗。

只要以积极的心态去观察、去思考，就会发现，事实远没有想象中的那样糟糕。换个角度去观察，世界会更美！换个角度看人生是一种明智的选择。当你面对缺憾心中愁苦时，就迈动智慧的双脚走一走，换个角度，也许会顿感柳暗花明。

生活的快乐与否，完全取决于个人的看法如何，态度决定了高度。面对人生的烦恼与挫折，最重要的是摆正自己的心态，积极面对一切。当你走过世间的繁华与喧嚣，阅尽世事，你会幡然明白：人生永远不圆满，再苦也要笑一笑！

无论如何，都要以乐观向上的精神支持生命，不能因一时的困难或挫折哀伤不止。天塌下来有人顶着，逆境过后是顺境，冬天过去是春天，让乐观精神陪伴一生，生命才会精彩纷呈。

心灵箴言

真正值钱的是不花一文钱的微笑。

——[英] 查尔斯·史考勃

忘记了它而微笑，远胜于记住它而愁苦。

——[美] 罗西塔

有皱纹的地方只表示微笑曾在那儿呆过。

——[美] 马克·吐温

不管怎样的事情，都请安静地愉快吧！这是人生。我们要依样地接受人生，勇敢地、大胆地，而且永远地微笑着。

——[德] 卢森堡

遥控快乐，将心灵的视窗调至快乐频道

故事话题

金•凯瑞是家里的老小，父亲是个会计，却热衷于音乐、表演，经常演奏萨克斯，从事喜剧表演。他们家充满了各种毫无恶意的“恶作剧”和逗乐。金早早就立下了当演员的理想，常常模仿各种夸张的姿势和面部表情来逗身体不好的母亲开心。

13 岁时，父亲经商失利而破产，金开始帮助家庭维持生活。他在多伦多一家喜剧俱乐部表演，19 岁时已成为一个可以独立制作节目的喜剧演员，以模仿名人而小有名气。

金刻苦进修了表演课程。1986 年，他放弃了在电视上的努力和发展，开始涉足影坛。即使只是跑龙套的小角色，他潜在的、天才般的喜剧才能往往令人不得不叫好称绝。

1994 年，一部《神探飞机头》一夜之间就让观众们喜爱上了金•凯瑞的“无厘头”喜剧风格，紧接着他主演了卡通式喜剧电影《变相怪杰》，同年，他主演的法雷利兄弟的“低智商搞笑”影片《阿呆与阿瓜》都取得成功，从此确立了观众心目中的王牌喜剧明星的地位，成为拿到 2000 万美元片酬的超级巨星之一。

金•凯瑞说“金钱对我而言，只不过是个游戏而已”。他说“做一个喜剧演员的好处就是可以道尽其他人隐藏的感受，很多人不将感觉表达出来。但我必须要有发泄的渠道。你不能够太严肃地去看待事情。如果你只是不断地想着事情的重要性、价值或是利益，那你一定无法办好它。”

故事解析

生性乐观爱笑的金·凯瑞无论置身何处，无论深陷何种境况，都是乐呵呵的，他用快乐去解决所有的不快。

每件事情都有它的优点和缺点，当你遇到不好的部分时，先学会思考，如何在这里学习和成长才是最重要的。

快乐是自己的事情，只要愿意，你可以随时调换手中的遥控器，将心灵的视窗调整到快乐频道。微笑的后面蕴涵的是坚实的无可比拟的力量，境由心生，境随心转。

现在的已在你手中，只要看护得好就不会丢失，缺乏的对于你来说却始终是一个模糊不清的谜，能否得到，怎样获得或获得多少都是未知数，所以与其对缺乏的艾艾怨怨，不如乐视囊中所有。

满足不在于积累财富，而在于减少欲念，放下贪欲，追求平实简朴的生活，是获得快乐的最简单方法。

故事穿越

在巴黎举办的一场大型音乐会上，人们正如痴如醉地倾听著名的小提琴家欧尔·布里美妙绝伦的演奏。

突然，正全神贯注的布里心一颤——小提琴的一根弦断了。但迟疑没有超过两秒，他便像什么事情都没有发生似的，继续面带微笑地一曲接一曲地演奏。观众们和布里一起沉浸在那些优美的旋律当中，整场音乐会非常成功。

终场时，欧尔·布里兴奋地高高举起小提琴谢幕，那根断掉的琴弦在半空中很醒目地飘荡着。全场观众惊讶而钦佩地报以更为热烈的掌声，向这位处变不惊、技艺高超的音乐家致以深深的敬意。

面对记者的“何以能够保持如此镇定”的提问，欧尔·布里一脸轻松道：“其实那也没什么，只不过是断了一根琴弦，我还可以用剩下的琴弦继续演奏啊。这就是我们熟悉的许多遭受不幸的人生，依然可以是美丽无憾的。”

布里睿智的回答与他卓然的表演一样精彩——“只不过是断了一根琴弦”，向世人传递的是从容，是乐观，是洒脱，是心头不肯失落的信念，是命运在握的强者充满自信的宣言，是坦然前行的智者面对岁月中那些风雷电雨自豪的回应。

故事微语

用断了一根弦的小提琴圆满完成演出，不愧是大家。在专业的音乐领域，其实断弦属于普通的意外，知名如欧尔·布里的人，是完全可以胜任的。这体现了过硬的职业素养、老到的演出经验等诸多美好的素质。

从故事里可以看出，欧尔·布里对断弦的情况已经见怪不怪，甚至坦然地引申到人生命题，即使有残缺，仍然可以完满。

吃不到的葡萄就把它看成是酸的，不仅可以把自己的心情调节到快乐的频位上，还可以解决很多现实问题。看不开，想不透，做不到，是人们的通病。为别人会做而自己不会做的事自卑，不如想想你会做哪些别人做不到的事。

“只不过是断了一根琴弦”，面对人生的不幸，不必哀伤，这只是微不足道的一小部分，你还掌握着绝大部分的完整，能够让你成功演绎自己的人生。

心灵箴言

世界上没有比快乐更能使人美丽的化妆品。

——[英] 布雷顿

不应该追求一切种类的快乐，应该只追求高尚的快乐。

——[古希腊] 德谟克利特

真正的快乐是内在的，它只有在人类的心灵里才能发现。

——[美] 布雷默

一个人的特色就是他存在的价值，不要勉强自己去学别人，而要发挥自己的特长。这样不但自己觉得快乐，对社会人群也更容易有真正的贡献。

——[法] 罗曼·罗兰

知足人生，抓住无形的幸福

故事话题

中国科学院院士、中国外科医学奠基人裘法祖老先生有这样一个座右铭："做人要知足，做事要知不足，做学问要不知足。"

裘老曾经提过早年读《左传》时中的一句话："太上立德，其次立功，其次立言。"，他认为：立德就是做人，立功就是做事，立言就是做学问。做医生的，是做学问的，但是做人是最起码的要求。因此裘老常常思索如何做人、做事和做学问的道理。

裘法祖曾经是同济医科大学校长，又是科学院院士，却一直和德国妻子挤在50多平方米的房子，家里用着20世纪五六十年代的旧家具，过着很俭朴的生活。其实裘法祖不是没有过大房子，组织上曾经分配给他一套非常宽敞的大房子，但却被他主动退回。他觉得现在的条件已经很不错了，何必再去贪图浮华呢？

故事解析

做人要知足，这是裘法祖老先生一生的心得体会。因为对生活条件的知足，而少了这方面的烦恼，更能集中精力体力于做事、做学问。必须有所取舍，才能有过人之处。

有些人一生都在苦苦追求，却一生都感觉不到幸福；有的人从未刻意地追求幸福，却时刻品尝着幸福。其实幸福只是一种感觉，这种感觉来自知足。

知足才能常乐。对生活条件要知足，衣食无忧，能够满足基本的需求即可，切忌攀比，堕入物质的漩涡，沦为拜金一族，丧失追求目标。

做人、做事、做学问是没有止境的，要用对物质条件知足而节省的资源不断投入，尽力做到最深、最广。这是真正体现人生价值的区域。

故事穿越

王毛仲，高句丽人，唐朝禁卫军将领。年幼时，因父违法，全家没入官府为奴，王毛仲成为临淄王李隆基的奴仆。在李隆基被立为太子和登基过程中，王毛仲均起到了重要作用，特别是诛灭太平余党，为玄宗政权的建立搬掉了最大的障碍，立下了汗马功劳，被玄宗视为心腹，身置“唐元功臣”之列。

玄宗对他极为倚重。每次设宴时，都让他与诸王一起坐在最前排，两人名为君臣，实际就像是兄弟，一段时间不见，必然召入宫中相见。然而，即使是患难中建立的钢铁般的关系，后来也出现了矛盾，原因就在于王毛仲伸手要官。

王毛仲的官职本来不小，因为屡立功勋，玄宗授予他左武卫大将军，进封霍国公，后又加开府仪同三司。开元十八年（730）年底，王毛仲新添了一个儿子，过“三日”时，玄宗没忘送上一份礼物。他派高力士送去丰厚的金帛、酒馔等物，还授予他刚出生的儿子五品官。

王毛仲极端瞧不起宦官，他抱着襁褓中的婴儿很不高兴地说：“这孩子难道就不配当三品官吗？”当时，皇帝宠信的宦官往往为三品将军，高力士即被授以三品。高力士回去后如实禀报，玄宗勃然大怒。

王毛仲的命运由此走到了一个分水岭，为消除后顾之忧，玄宗下诏贬王毛仲为瀼州别驾，随后在就任的路上，派人将他缢死。

故事微语

王毛仲缺少自知之明，对欲望不知收敛，招致杀身之祸。他一直在李隆基身边做奴才，因为近在太子身边才有机会建功立业，封官进爵，而且皇帝一向知道远近，待他不薄。如果他能有知足常乐的正常心，就会对皇帝的倚重和馈赠表示由衷的感谢了。而他一味索要，还不加掩饰地讥讽皇帝最信任的人，树敌立墙，终结了自己的一生。

要求要符合实情，首先要了解自己，其次去了解普遍的情况，才好定夺出合适的物质要求，否则就会增加很多负面感受：过度会迷失自己的方向，不足又会影响正常的生活需求，进而影响人生的进取。

随着社会的不断发展，生活质量整体提高了，如果要求也水涨船高，就会很难有胜利感和满足感，挫败感、哀伤情绪就会进犯。要调整心态，以平常心面对生活，学会知足，就会得到幸福。

心灵箴言

人最大的财富，是在于无欲。

——[古罗马] 塞尼逊

故知足不辱，知止不殆，可以长久。

——《道德经》

知足常乐者最富有，因为知足本身就是财富。

——[古希腊] 苏格拉底

祸莫大于不知足，咎莫大于欲得，故知足之足常足矣。

——《老子》

谁要是在内心里真正是知足常乐，他就能获得一切幸福。

——[古印度] 《五卷书》

远离抱怨，发现全新的自己

故事话题

湖南卫视主持人汪涵一向以幽默风趣见长，凭借出色的口才，成为著名综艺节目主持人。在《越笑越开心》《天天向上》等知名电视栏目中，他出口成章，以方言插科打诨，受到观众热烈追捧。

汪涵毕业于湖南广播电视学校，毕业后只身来到竞争激烈的湖南卫视。连续两年汪涵都只是跑龙套的，做的是布置会场，帮人打杂的苦力活。无缘台上的风光，有的只是陪着笑脸给台下的观众递茶递水，讲笑话，逗表情。

他没有抱怨，而是认真地做好幕后工作，虚心地学习。针对自己个性冲动，缺乏耐性，他努力克服，化短为长。终于在一次偶然的机会中，湖南卫视著名主持人仇晓需要一名男性搭档主持一档节目，汪涵从此开始了主持生涯的第一步。

他身兼数职，8 天时间录制了 16 个节目，每天不是在天上飞就是在汽车里颠簸，“脑子高速运转差点冒了烟”，但仍要尽自己最大努力，做好每一期节目。

汪涵有着不同常人的坚强。电视台工作的强度和压力如此之大，他没有向任何人抱怨过，在他人面前永远是个脸上挂着阳光般笑容，言行举止绅士得体的男人。

不抱怨，并不意味着把所有的情绪都积聚在内心，安静单纯的环境成了安抚他情绪的最佳场所。每次工作之余，他都会开着自己的小车来到湘江边上，静静地注视着窗外的景色，暇思放松。

故事解析

不抱怨的人生即使坎坷也会柳暗花明，不抱怨的背后是一种源于对理想对生活执著的追求。汪涵的故事，很好地诠释了豁达的人生观：无论是身处逆境还是顺境，只要怀抱一颗感恩的心，用心去感悟生活，你就能拥有缤纷多彩的生活。而始终生活在抱怨中的人，在抱怨的同时，你会失去更多。

在生活中，我们的身边充满了各种各样的抱怨：抱怨老师不负责任，抱怨饭菜不可口，抱怨父母不体谅自己，抱怨不公平、不合理、不如意……但是，几乎没有人抱怨过自己：我为什么会有这么多的抱怨？

抱怨就像侵蚀思维的一种慢性毒药，在大脑中毒的同时，人生态度、行动都会被毒性感染。抱怨不断消磨意志，像可以“溃堤”的蚂蚁一样，精神之堤瞬间被生活的洪水化为乌有。

自己才是拯救自己的上帝。远离抱怨，才能在自己生活的原点改变自我，发现一个全新的自己，从而改变自己的命运，收获成功的喜悦和幸福的生活。

故事穿越

索尼公司创始人盛田昭夫曾经说过这么一个故事：东京帝国大学的毕业生在索尼公司一直非常受欢迎。有个叫大贺典雄的帝国大学高才生，是一位有才华的青年。他加入索尼公司之后曾多次与盛田昭夫争论，盛田昭夫喜欢这个直言不讳的年轻人，非常器重他。

出人意料的是，后来盛田昭夫居然把大贺典雄下放到了生产一线，给一位普通工人当学徒。这让很多员工迷惑不解，甚至怀疑他得罪了盛田昭夫。有人为大贺典雄感到不平，但大贺典雄只是淡淡一笑。

一年后，更让人大跌眼镜的事情发生了，还是学徒工的大贺典雄居然被直接提拔为专业产品总经理，员工们百思不得其解。

在一次员工大会上，盛田昭夫为大家揭开了谜底："要担任产品总经理，必须要对产品有绝对清楚的了解，这就是我要把大贺典雄下放到基层的原因。让我高兴的是，大贺典雄在他的岗位上干得不错。然而，让我坚定提拔念头的是——整整一年，他在累脏卑微的工作环境下居然没有任何牢骚和抱怨，而且甘之若饴。"

人们终于明白了其中的原因，不由报以热烈的掌声。5年后，也就是在34岁那年，大贺典雄成为了公司董事会的一员，这在因循守旧的日本企业，简直是前所未闻的奇迹。

故事微语

帝国大学高才生大贺典雄具有良好的心态，无缘无故被下放到生产一线，别人都为他打抱不平，他却能够淡然一笑了之，继续投入踏踏实实的工作。他沉下心性，不抱怨，而是力所能及地做好所有事情，不断充实自己，果然，在得到提拔重用后，不负众望，牢牢站住了脚跟。

经过下放事件，老板了解了大贺典雄的敬业精神和工作能力，所以才敢委以重任。在很多艰巨的困难里面都蕴含着新的生机，只要你能尽快摆脱哀伤消沉，积极面对。

远离抱怨的世界，善于放下，就不再有烦恼，能够看透得失，战胜自己，才懂得原来放下也是一种快乐。

远离抱怨的世界，学会吃亏，才能体验吃亏是福，吃亏是对快乐的投资。

远离抱怨的世界，偶尔糊涂，才会感悟到“难得糊涂”的真谛，方懂得做人有时少一些计较，会多一份美丽。

心灵箴言

千万不要做个只会成天抱怨的懒人。

——[美] 麦尔顿

少指责，少抱怨，少后悔，就能成功。

——丁丹

从不浪费时间的人，没有工夫抱怨时间不够。

——[美] 杰弗逊

如果你陷入困境，不要尖声抱怨错误，要从中吸取教训。

——[美] 比尔·盖茨

心存感激，发现世上更多的美好

故事话题

5 月 12 日，小朗铮和往常一样，在北川县幼儿园上课。

地震突然发生了，房屋垮塌，他被掩埋在了废墟里。5 月 13 日上午 7 时，《绵阳晚报》记者杨卫华随着救援部队来到这片废墟，突然，他听到了孩子的哭声。杨卫华赶紧和同来的几名解放军战士用手刨挖废墟，用劈柴刀砍钢筋，到了上午 10 时，才把他救出来。

刚被抱出的那一刻，朗铮号啕大哭起来：他的左手臂骨折了。一名战士小心地用木板和绷带简易地包扎起来，另一名战士递来了矿泉水，朗铮咕噜咕噜地喝着，哭声终于停止了。战士们小心地把他放在一块木板上，抬起这个简易担架。就在这时，让所有人落泪的场景出现了：小朗铮挣扎着举起了右手臂，虚弱而又执著地向救他的解放军敬了一个礼……

获救的小朗铮很快被送到绵阳 404 医院接受治疗。次日，媒体报道了小朗铮敬礼的故事，在感动无数中国人的时候，也让他的妈妈吴晓红找到了失散的儿子。

吴晓红说：朗铮的爸爸是北川小坝镇派出所所长，身为警察的他平时就特别喜欢和儿子玩敬礼游戏。小朗铮特别崇拜解放军，如今每天念叨的也是“解放军叔叔救了我”。图片拍摄者、《绵阳晚报》记者杨卫华也提到，那天，小朗铮在举起手敬礼的一瞬间，嘴里还在说着“谢谢叔叔！”

故事解析

“5·12”汶川地震期间，涌现出许多撼动人心的故事，小朗铮感恩的情节就是其中一个。遭遇人间惨剧的小朗铮还不谙世事，但他却明白来自他人的救助，并且及时地予以发自内心的感谢。孩子的单纯乐观，磨难面前的懂事早熟令所有人动容。

感激父母，是他们给了自己生命，是他们把自己抚养长大，是他们教我们学走路，陪我们说第一句话，是他们给了自己温暖的生活。亲情如涓涓溪流无声无息，从不张扬，却永恒如初。也许他们没有太多感天动地的语言来表达自己的爱，偶尔一句“路上慢点，小心点，”就足以说明一切。亲情从来不需要刻意地去想起，却永远永远也不会忘记。亲情的力量，就是让人觉得在这个世界上自己永远不会是孤立无助的，无论走到哪里，无论有什么样的遭遇，无论成功还是失败，身后都有亲情注视的目光。这目光中蕴含着太阳的光辉，给人春天般的温暖。

故事穿越

米莎太太拖着两个很大的行李箱走进候机大厅，来来回回寻觅了半天都没有找到她的侄子，他们说好了这个时间会合一起登机。她是最近刚做过肾脏手术，去厕所比较频繁，但她却不敢丢下行李。行李里面都是她为都市来的朋友积攒多年的礼物，不值钱但是很珍贵。

"太太，需要帮忙吗？"一个面带微笑的年轻人坐到了她身旁。

米莎太太实在忍受不住了："请帮我照看一下行李，我去一趟洗手间。"

年轻人非常愉快地点头答应了。米莎太太很快回来了，她感激地掏出一美元，递给年轻人："谢谢你帮我照看东西，这是你应得的报酬。"

看到老人一脸的认真，年轻人回一声"谢谢"，把钱放进了上衣兜里。

一位西装革履的小伙子快步走到米莎太太跟前，他刚要张口说话，却忽然转向一旁的年轻人："盖茨先生！您好，您也乘坐这趟班机？"

"是的。"年轻人收起书，大家都朝检票口走去。

"哪个盖茨？"米莎太太问侄子。

"就是我常常跟您说起的世界首富、微软公司总裁比尔·盖茨先生啊。"侄子拖着行李箱大声说。

"哦，我今天终于知道他成功的秘密了，我刚才还给过他一美元的报酬呢。"米莎太太满脸的平静和自豪。

"他真的接受了你一美元的报酬？"侄子瞪大了眼睛。

"没错，我很高兴候机的时候还有一美元的收入，因为我帮助这位太太做了一件很小很小的事。"盖茨回头坦然地回答。

故事微语

因为一份自然的情感，清贫的乡村老妇米莎太太和身价数千亿美元的世界首富，彼此都很珍重那区区的一美元，让那一美元超出了其本身的价值：在前者的眼里，那是一份发自肺腑的感激；在后者的心中，那是对一份真诚感谢必须回应的尊重。

没有财富多寡的鸿沟，没有身份尊卑的差别，两人以简单的方式，以超俗的坦然，告诉世人——无论是谁，都要善于感激友善的他人，对收到的感激予以尊重，关爱、和谐的气氛就会滋生，沐浴整个社会。

感激可以信任的人，缓解了你的哀伤忧愁，雪中送炭而且彬彬有礼。每个人都有失意的时候，都有被关怀的需要，能够知遇绅士、君子，是莫大的幸运。积极地表达自己的感激之情，收获积极的回应，体味人间温情。

心灵箴言

没有感恩就没有真正的美德。

——[法] 卢梭

慈善的行为比金钱更能解除别人的痛苦。

——[法] 卢梭

人家帮我，永志不忘；我帮人家，莫记心上。

——华罗庚

感谢命运，感谢人民，感谢思想，感谢一切我要感谢的人。

——鲁迅

第三篇

进取青春，莫为明天徒增哀伤

不要因生活中的一些细小过失而后悔，如果事事追悔，恐怕一个人一辈子都会生活在数不清的悔恨之中。如果错已造成，且又无法弥补，要当机立断：汲取教训，以后不要再犯。

人生不能重来，人生也无法预知长短，但我们可以控制的，是人生的内容，是人生的质量，是生命的品质，是生命的宽度，庸庸碌碌没有追求的人生，即使再长也只是一部吃喝拉撒的流水账，乏善可陈味同嚼蜡，而拼搏进取充实丰满的人生，即使很短也是一首清新隽永的小诗，寓意深刻回味无穷。

果敢前行，不要纠结于过去

故事话题

1946 年 8 月，21 岁的李•艾柯卡来到底特律，在福特公司当了一名见习工程师，从而开始了他在汽车业中的传奇生涯。

然而，实习尚未结束，他就已经厌倦了整天同无生命的机器打交道，经过一番努力，他到福特公司宾夕法尼亚州分部当上了一名推销员。过人的才能使他在福特公司如鱼得水。进入 60 年代后，他亲自出马，夜以继日地研制出一款以年轻人为主要消费群体的新车——野马，创造了年净利润 12 亿美元的纪录，顺利升任总裁。

1978 年 7 月 13 日，妒火中烧的老板亨利•福特二世开除了功高盖主的艾柯卡，肃清了他的支持者。一时间，艾柯卡没有了事业，没有了朋友，昨天他还是英雄，今天却好像成了麻风病患者，人人避之不及。艾柯卡痛不欲生，但他想起了父亲的教诲：“太阳总是要出来的。要勇往直前，不要半途而废。”

54 岁的艾柯卡应聘到濒临破产的克莱斯勒汽车公司出任总裁。凭着他的丰富的经验、过人的智慧、胆识和魅力，大刀阔斧地对公司进行整顿、改革，并向政府求援，舌战国会议员，取得了巨额贷款，重振企业雄风。

在艾柯卡的领导下，公司在最黑暗的日子推出了 K 型车计划，终于起死回生。6 年后，创下了 24 亿美元的盈利纪录，成为仅次于通用、福特的第三大汽车公司。艾柯卡也成为美国家喻户晓的大人物，美国人心目中的英雄。

故事解析

一帆风顺的艾柯卡 54 岁时遭逢突变，险些被彻底打垮。但他想起了父亲的励志名言，毅然站了起来，鼓足干劲，救活了一个企业，并且业绩喜人，名列前茅，与狠狠绊了他一个大跟头的前任公司并驾齐驱，用实际战果回击了对方，赢得了自尊。

一个人在 54 岁的知天命时节能够东山再起确实并非易事，年轻人看到这么好的经验就应该更加珍惜自己的青春岁月，不怕失败，勇敢面对，不断尝试，尽早确定自己的发展方向，积极有效奋进。

过去的岁月可能黯淡无光，也许成绩斐然，但逝者已去，不可重演。现在、当前是最应宝贵的新起点。清理思绪，沉淀过往，相信自己，直面当前，果敢进发，即使不能直取成功，至少可以免除哀伤困扰，享受生活的欢欣。

故事穿越

英国的罗温·艾金森从小智商低下，不擅学习，勉强上到高中。父母看儿子与大学无缘，托人让他进了学校篮球队。他连罚球都罚不进，教练也很失望，但他一直坚持练习，大家都嘲讽地叫他“出色的罚球手”。

在一次重要比赛中，他的球队输得很惨，队友们无心恋战，把从未上过场的罗温·艾金森推了出来。他兴高采烈地披挂上阵。一有罚球，球就被扔给他。他信心满满地投球，但都投不进去。他不急不躁，依然耐心投球。观众用热烈的掌声鼓励他，他无比兴奋。距终场仅剩3秒钟时，罗温·艾金森居然投中了一个！全场沸腾，观众起立为他鼓掌欢呼。为自己第一次的突破，他欣喜若狂，脱掉上衣满场挥舞、狂奔。

赛后有评论说，智力低下的罗温?艾金森无疑是比赛的最后赢家。从此他的人生斗转星移，高中毕业后虽然屡战屡败，但他总是以最后3秒钟的进球为灯塔，坚信自己是笑到最后的人。

本地电视台的《非9点新闻》栏目招聘演员，罗温·艾金森跑去应聘，不管不顾别人的讥讽。他的表演幽默滑稽，导演当场决定录用，由他主演《憨豆先生》，一夜之间风靡全球，成为英国BBC电视台的招牌喜剧。罗温·艾金森被人叫作“憨豆先生”，坚定了丑星的发展方向，与金·凯瑞、周星驰一起被称为“当代最伟大的喜剧之王”。

故事微语

罗温·艾金森就是在一片否定声中逆境前行，积极行动，勇往直前，先是突破了罚球零的命中率，小小的然而极为难得的初次成功使他建立起强大的信心，然后他应聘演员成功，一夜成名，成为世界三大喜剧之王之一。

哀伤那么容易就到来，似乎天空一下雨就止不住。诗人朗费罗为此感慨不已："你的命运一如他人，每个生命都会下雨。"

下雨时，哀伤时，最值得做的事情就是：看着前方！果敢前行。一分钟不行，再看一分钟，久久地看，一次又一次地看，用一生的经历来看，用最真的爱满怀着希望来看。

看看是不是"所有的雨都会停的"，看看雨后的天空是不是更洁净、更辽阔、更美丽，是不是还会奇迹般地出现彩虹。

过去的已经不可逆转，哀伤的情绪不能停留，那就勇敢前行吧，在新的路途中体味新的快乐与成功。

心灵箴言

天下之事常成于困约，而败于奢靡。

——陆游

卓越的人一大优点是：在不利与艰难的遭遇里百折不饶。

——[德] 贝多芬

世界上没有永远平坦的大路，只有不畏劳苦沿着陡峭山路攀登的人，才会有希望达到光辉的顶点。

——[德] 马克思

朝着一定目标走去是"志"，一鼓作气中途绝不停止是"气"，两者合起来就是"志气"。一切事业的成败都取决于此。

——[美] 卡耐基

加法人生，将有限的青春合理规划

故事话题

本田公司的创始人本田宗一郎1906年11月17日出生于日本静冈县，出身穷苦家庭，自幼便对机械表现出了一种特殊的偏好。1922年，16岁的他不顾父亲坚决反对，毅然来到东京一家汽车修理厂当学徒。

他非常勤奋，没多久就成为了一名优秀的修理工。1928年，本田宗一郎回到家乡开办了一家自己的汽车修理厂，经营得非常成功。但这并不是他所追求的目标。

1934年，目光远大的本田宗一郎在修车店生意十分兴旺的时刻毅然关闭了修理厂，同时成立了东海精密机械公司，主要生产活塞环，并为丰田汽车供货。但这仍然不是本田宗一郎的最终目标。

本田宗一郎在很年轻的时候，虽然一无所有，但有一个雄心勃勃的梦想，那就是要跻身世界最大汽车制造商的行列。开办汽车修理厂和生产活塞环，都只是为了实现这个远大目标所作的铺垫。

在1945年，他将蒸蒸日上的东海精密机械公司卖给了丰田公司，并于1946年创建了今天的本田技术研究所，开始研发、生产摩托车。他知道必须走多元化产品战略路线，才能在激烈的市场竞争中永远立于不败之地。在经营摩托车获得成功以后，本田宗一郎于1962年开始涉足汽车生产。

现在，本田宗一郎的这一目标已经实现。在全球小轿车市场，本田的产销量和市场份额与日俱增，和通用、福特、丰田、戴姆勒—克莱斯勒共同跻身于全球最著名的汽车销售商之列。

故事解析

本田宗一郎爱好机械，善于规划自己的进取步调，从无到有，从小到大，他一步步实现着自己的梦想，美梦成真。

1953 年，耶鲁大学对当年的毕业生进行了一次有关人生目标的调查，当被问及是否定有明确的目标以及达到目标的书面计划时，只有 3%的学生给予了肯定的回答。20 年后，人们对这些毕业多年的学生进行了跟踪调查，结果发现：那 3%定有明确目标的学生在经济收入上要远远高于其他 97%的学生。

人生一定要有目标。越是远大的目标，看起来就越是遥不可及，很容易迷失。但如果将目标分解，转化为一个个分目标，便会觉得它们并不遥远。再制定出每天的目标，一天天完成，就是在不断地接近大目标，轻轻松松地予以实现。

故事穿越

有两个西班牙人，一个叫布兰科，一个叫奥特加。虽然他们同龄，又是邻居，但家境却相差很远。布兰科的父亲是一个富商，而奥特加的父亲只是一个摆地摊的。

布兰科的父亲对他说：孩子，长大后你想干什么都行，律师、医生，爸爸身边有最好的；想当演员，我会送你去最好的艺术学校，找最好的编剧和导演为你量身定做角色，让你永远当主角；想经商，爸爸会亲自教你，我的经商经验都会给你！

奥特加的父亲则总是对他说：孩子，爸爸能力有限，只能教你怎样摆地摊，你除了跟我学摆地摊，其他的都是白想啊！

两个孩子都很听话。布兰科首先报考了律师，没学几天就觉得太单调，于是他转去学医。没干多久，他又觉得不太适合。他跑去当演员，但是太辛苦。最后，他只得跟父亲学习经商，可父亲的公司遭遇金融危机破产了。布兰科一事无成。

奥特加跟父亲摆了几天地摊后，哭着不肯去了。日晒雨淋，还常遭人白眼。但除此之外无事可做，他只得又跟着父亲出发。如此反复了很多次。慢慢地，他想明白了：要想永远摆脱摆地摊的工作，就得认真地将地摊摆好。

几年后，他终于拥有了自己的专卖店。30年后，他拥有了自己的服装集团，该集团成为世界第二大成衣零售商。奥特加以250亿美元的个人资产，位列《福布斯》2010年世界富豪榜第9位。

故事微语

原来贫富悬殊的两个家庭，根据各自的家境对孩子进行教育。富人家的孩子选择很多，但都没有坚持下来，一事无成；穷人家的孩子早早开始思索事业的命题，确立了自己的目标，找到了可行的办法，一步步走向了自己的辉煌。

《于丹心得》里面有一段话：一个人在30岁以前是用加法生活的，就是不断地从这个世界上收集他所需要的东西，比如经验、财富、情感、名誉。……30岁以后，就要开始学着用减法生活了，要学会舍弃那些不是你心灵真正需要的东西。

富人的孩子貌似拥有很多，但没有一样让他发自内心的需要，他没有自己的使命感，而只是想要生活得舒适，舍本求末，一无所获。

奥特加在青少年时期，看似贫穷，但他在贫困的历练下，反而对自己未来独立生存所需要的东西越来越清晰，他有条不紊地拾取着毅力、勇敢、信心、耐心、好的经验……最后积累出自己雄厚的基础，日后终于如愿以偿。

心灵箴言

成功的秘诀在于坚持目标。

——[英] 本杰明·迪斯累里

已经完成的小事，胜于计划中的大事。

——[葡] 雷特

至诚可以前知，预测未来才能做好计划。

——曾仕强

用百折不回的毅力，有计划地克服所有的困难。

——毛泽东

后悔无益，过去的就让它随风而去

故事话题

她从小就由在小学做音乐教师的母亲教弹钢琴，4 岁时举办了一场独奏音乐会，被称为“神童”。她的学习成绩同样十分优秀，跳过两次级，她还有自己拿手的体育项目：网球和花样滑冰。16 岁进入丹佛大学音乐学院，她梦想成为职业钢琴家。

她独具的音乐天赋和他人难以企及的家学，让她的音乐追求之旅再自然、正常不过，大家都相信过不了几年她就会成为乐坛翘楚。

可是，她出人意料地打起了“退堂鼓”，放弃音乐的专业学习开始了其他职业的破冰之旅。事情出在著名的阿斯本音乐节上，“我碰到了一些 11 岁的孩子们，他们只看一眼就能演奏那些我要练一年才能弹好的曲子，”她说，“我想我不可能有在卡内基大厅演奏的那一天了。”

虽然满怀失意，承受着很多人抱怨的压力，但赖斯没有后悔。她开始重新设计自己的未来并发现了新的目标——国际政治。“这一课程拨动了我的心弦，”她说，“我无法解释，但它的确吸引着我。”她从此转而学习政治学和俄语，并找到了她一生追求的事业。

这个美国女孩就是康多莉扎•赖斯，出生于 1954 年 11 月 14 日。2005 年 1 月 26 日，她宣誓就职国务卿，接替辞职的鲍威尔，成为美国历史上就任此职的第一位非裔女性，被媒体称为华盛顿“最有权力的女人”。美国《福布斯》杂志评出世界 100 位最具影响力的女性，赖斯名列榜首。

故事解析

梦想之神在自己的心头伫立了十余年，虔诚地守望了十余年，可突然一天訇然倒塌。还有比亲手埋葬自己的梦想更让人痛彻心腑的吗？即便如此，赖斯却能够毅然转头，以难得的清醒和准确的判断为自己找到成功之路，与多年的勤奋诀别。

她不是不后悔不哀伤，只是深切地知道后悔这样一种负面的心理有百害无一利，所以她杜绝了自己的后悔，用明智的行动帮助自己彻底走出后悔的泥潭。

人最可贵的不是发现自己的优点，而是能够精确地发现自己的缺点并使之消弭于无，不让它成为人生的障碍。正是可贵的“退堂鼓”，让她寻到了人生的支点，痛苦的化蛹为蝶的人生历程，如凤凰浴火般获得了美丽的新生。

执著于人生的梦想，是一种勇气、智慧和积极。但埋葬旧的梦想，告别旧的自我，孕育新的梦想，追逐新的自我，彻底地否定自我，这需要更大的勇气和智慧，甚至需要壮士断腕般的激烈。

人生可贵“退堂鼓”，不是消极的退缩、坐标的摇摆，而是准确的把握、积极的突围。

故事穿越

基督教认为人如果想在死后进天堂，一定要在死前为自己一生中的错误、不足做忏悔。汉德·泰莱是纽约曼哈顿区的一位神父，他却经历了两个无法忏悔的案例。

一个是教区医院里的病人，靠一把吉他卖唱生活的人。他临终前说：“仁慈的上帝！我喜欢唱歌，音乐是我的生命，我的愿望是唱遍美国。作为一名黑人，我实现了这个愿望，我没有什么要忏悔的。现在我只想说，感谢您，您让我愉快地度过了一生，并让我用歌声养活了我的6个孩子。现在我的生命就要结束了，但死而无憾。仁慈的神父，现在我只想请您转告我的孩子，让他们做自己喜欢做的事吧，他们的父亲是会为他们骄傲的。”

泰莱神父非常吃惊，他想起5年前曾主持过的另一次临终忏悔。

那是里士本区的一位富翁，他对神父说，我喜欢赛车，我从小研究它们、改进它们、经营它们，一辈子都没离开过它们。这种爱好与工作难分，闲暇与兴趣结合的生活，让我非常满意，并且从中还赚了大笔的钱，我没有什么要忏悔的。

泰莱神父对这个现象进行了深度解析，发表了一篇文章，里面总结说：“人应该怎样度过自己的一生才不会留下悔恨呢？我想也许做到两条就够了。第一条，做自己喜欢做的事；第二条，想办法从中赚到钱。”

这成为很多人的生活信条。

故事微语

终其一生，无可后悔，这是多么伟大高端的境界。而步入这种至高层面的并不是非常成功的人，却都是勤奋一生并且充分享受了乐趣的幸运儿。这样的人无需费尽心力升天堂，他们的一生就是在天堂度过的。

很多人经常会为之前的某件事、某句话、某个动作后悔不已，念念不忘，心情哀伤沉痛。不良情绪必然会造成不良影响，要学会控制，不能让它妨碍身心健康及对美好明天的追求。

对于过去的事，要有很干脆的自我警告，当机立断，汲取教训，保证以后不会重犯，方为上上策。

也不要为没有取得预期效果的努力而悔恨。结果都是不可预先获知的，只要尽力而为，即使没有达到目标，这种努力依然是值得的，无须后悔。

心灵箴言

诚实的人从不为自己的诚实而感到后悔。

——[英] 托·富勒

不要等到日子过去了才找出它们的可爱之点。

——法国谚语

如果错过了太阳时你流了泪，那么你也要错过群星了。

——[印] 泰戈尔

当我们为一去不复返的青春叹息时，我们应该考虑将来的衰老，不要到那时再为没有珍惜壮年而悔恨。

——[法] 拉布吕耶尔

善待缺点，“人有缺点才可爱”

故事话题

他从小对学习不开窍，每次考试都是倒数第一，尤其是数学，永远是零分。他想辍学了事，但母亲不同意。家里为他请家教，但没有一个能超过一周，家教老师的共识是：他不是读书的料，趁早做点别的吧。

父亲希望他能学好美术，可是他毫无兴趣。母亲终于爆发了：“想让你成为狮子，成不了，做老虎也做不成，难道你真是一个无用的人?!”

他的承受度也到了极限，转头冲出了家门，外面漆黑一团，还下着雨。不知过了多久，他来到了叔叔家。他的脑子里回荡起叔叔曾经说过的一些话：其实你在篮球方面很有天赋，如果你坚持下去，将来一定会大有出息。他决心在叔叔家住一段时间，认真练习篮球。

他给家里打了电话，母亲只是随口叮嘱他几句就挂了。仅仅一个月，他的球技突飞猛进，特别是三分定投，简直可以说是弹无虚发。他带着一只篮球回了家，向家人展示了自己的学习成果，母亲终于有了微笑，还做了他最爱吃的肉丸面以示奖励。

有了一技之长，他得以升入高中，频繁参加各种比赛，出色的表现引发了NBA猎头的侧目，很快，他入选NBA。高三那年，他被《今日美国》评为年度最佳球员，还被美联社评选为北卡罗来纳州年度最佳球员。拿到奖杯后，他激动万分，赶到母亲工作的单位，在众目睽睽之下交给了母亲。

他就是大名鼎鼎的NBA球星——特雷西•麦克格雷迪。

故事解析

麦克格雷迪将自己爱玩球的缺点无限放大，作为自己的事业，成为一代球星，为自己和父母带来了荣耀。

每个人都各有优缺点，它们属于个性的一部分。鲜明的个性在某种时间、条件下有可能成为一种缺点。人是社会化的存在，所以“缺点是周围人的看法”。麦克格雷迪爱打球在父母眼里是缺点，因为观念不同。而一旦要以打球为职业，无疑就是一个天分。

缺点应针对不同情况区别对待。源于主观恶性的错误或者缺点是不可饶恕和原谅的，因为它产生危害；源于鲜明个性的行为，需要理性面对或者说可以善待它。

永远不要拿着放大镜观察自己的缺点，过于在乎缺点，就会失望、哀伤，缺乏生活的激情和人生的活力。

要有承认缺点和错误的信心和勇气。学会坦然面对，以平常心办平常事，不以善小而不为，不断修正自己，从而有所发展。

故事穿越

英国电影《我的左脚》是根据已故爱尔兰天才作家兼画家克里斯蒂·布朗的自传体小说改编拍摄而成的。

布朗出生于1932年6月5日，出生不久便患严重的大脑瘫痪症，脑部控制肌肉的神经受损，因此手臂扭曲软弱，没有外力支撑，便无法坐、爬。他耳聪目明、能思考，却无法表达自己的想法。到5岁时，他不会走路，不会说话，头部、身体、双手和右脚都不能动弹，只能靠唯一一只能动的左脚来完成所有想做的事情。

5岁那年的一天，妹妹用粉笔写字，他忽然伸出左脚将粉笔夹过去，在地上画起来。他喜欢画画，作品屡屡获奖，出色的表现不仅得到了众人的认可，也改变了他的人生。经过多年的不懈努力，布朗成了一位颇有名气的画家。

6岁时他学会了26个英文字母，母亲便开始教他认字读书。他学会了用左脚打字，21岁时出版了第一部自传体小说《我的左脚》。16年后出版了长篇小说《生不逢时》。

《生不逢时》感情真挚、道理深刻、情节动人、语言优美，震动了国内外文坛，畅销20多个国家。其后，布朗又先后出版了3部小说和3部诗集，成为享誉世界的文学巨匠，是爱尔兰人民的骄傲。

48岁那年，克里斯蒂·布朗与世长辞，整个爱尔兰举行了哀悼活动。

1989年，电影《我的左脚》获5项奥斯卡提名，最后获2项奥斯卡奖。

故事微语

布朗生理的残缺十分严重，他只有左脚可以自如活动。但他就是凭一只脚，活出了自己生命的可爱和价值，而且价值不菲。

世界之大，各种利益、各种意识形态、各种行为目的带出评判者的不同视角，提供不一样的解读，体现不同的价值趋向和评价标准，缺点必然会存在。世界之所以美好，也恰恰在于所有的事物没有绝对相同的，而是参差不齐。人在矛盾中生活，在矛盾中成长，这是普遍性的发展理论。

对待缺点不可愤怒或抵抗，而在于反躬自省，有则改之，无则加勉。要善于观察和分析自己的缺点，从中寻求“闪光”的东西，将缺点变为特点，实现人性的自我超越，成为一个杰出的人。

心灵箴言

一个人的完美之处，在于找出自身的缺点。

——意大利谚语

在日常生活中，我们往往由于自身的缺点而不是优点才招人喜欢。

——[法] 拉罗什富科

保留某种不完善会使事物显得有趣，并使人感觉到还有一点发展的空间。

——[日] 吉田兼好

没有十全十美，也没有人不可或缺，每个人都有这种或那种弱点。当他失败时，这种弱点将会缓解他的沉痛之情。

——[法] 拉布吕耶尔

乐观积极，用快乐点亮前程

故事话题

罗宾是一位职业成功学家，他的演讲总是充满激情。

在一次演讲中，一个学员站起来问他："老师，请问您为什么总能够保持积极乐观的人生态度？难道您就没有碰到过倒霉的事情吗？如果您遇到了烦恼，您是怎么解决的？"

罗宾微笑地回答道："当然，我经常会碰到一些令人烦恼的小事情，可是我并不会让它影响我的任何决定。这要从一个小故事说起。

"记得小时候，父亲经常带我去户外活动。有一次，是在寒冷的冬天，我们去了一个茂密的树林。我看到有几棵枯死的树木，就想把它砍倒，劈成小块，拿回家用作取暖的燃料，但是父亲告诉我，不要在冬天砍树，因为冬天这个季节还不能判定树木到底是死还是活，真想要砍树的话，就得等到春天，看看它们到底是否活下来了，只有春天才能真正辨别清楚。

"第二年春天我再来时，发现去年冬天我准备砍伐的树木真的又发起了新芽。

"后来，我渐渐长大，就明白了父亲的话。原来树木不能在冬天砍伐，人也不能在心情沮丧的时候随便做出什么判断和决定。

"父亲的这个经验让我一生受益无穷，我相信大家如果采用，也会受益终生。"

故事解析

身为成功学家，罗宾已经具备了能够取得成功的修养、品质，其中就包括乐观、积极。父亲的教育让他领悟到：人不能在心情处于低谷时随随便便做出判断和决定，那样是很不公允的，很容易流于偏激，把事情搞砸。所以一定要能够有积极、乐观的心态，及时调整不平静的内心，使它复归平静，才会有最准确的感受和判断，做出正确的决定。

人生的幸福美满其实就是一种感觉，一种心情。你是欢欣鼓舞，轻松快乐，还是孤独苦闷，疲劳不堪，主要由心态来支配。我们必须学会经常让心灵放个假，做到内心平衡安宁，才能感受到生活的轻松快乐和人生的幸福美好。

人生就是一碗酸、甜、苦、辣、咸五味俱全的汤，每种滋味你都可能品尝，无法选择，只能调整心态去适应。

故事穿越

桑兰出生于1981年2月，浙江宁波人，原国家女子体操队队员，曾在全国性运动会上获得跳马冠军。

1998年7月21日晚在纽约友好运动会上，桑兰正在进行跳马比赛的赛前热身，在她起跳的那一瞬间，外队一教练“马”前探头干扰了她，导致她动作变形，从高空栽到地上，而且是头先着地。意外事故导致她颈椎骨折，胸部以下高位截瘫。

坚强的桑兰醒来的第一句话是：我什么时候才能练？作为曾经的体操队的一名旗帜性人物，在遭遇重大人生变故后，她凭借顽强、乐观的心态，艰难而又坚毅地开辟新的人生道路。她的主治医生说：“桑兰表现得非常勇敢，她从未抱怨什么，对她我能找到表达的词就是‘勇气’。”

因为她的坚强、乐观，美国院方称她为“伟大的中国人民得光辉形象”，而那么多美国普通人去看她，并不只是因为她受伤了，而是为她的精神所感染。

美国时任总统克林顿、前总统卡特和里根都曾给桑兰写过信，赞扬她面对悲剧时表现出来的勇气。桑兰与“超人”会面的经过在美国ABC电视台播出。这个电视台50年来只采访过两个中国人，一个是邓小平，一个是桑兰。桑兰还见到了自己的偶像里奥纳多·迪卡普里奥和席琳·迪翁。

桑兰用行动传达自己的心志，去北大学习、加盟星空卫视主持节目、担任申奥大使、参加雅典奥运北京接力……她充满力量的笑容总能给人希望！

故事微语

桑兰遭受意外事故瘫痪的事件为很多人知晓，她坚强的表现也打动、鼓舞了很多人。她标志性的笑容就是她乐观积极的最好诠释。高位截瘫，依赖轮椅，豆蔻年华的少女猛然一下便销声匿迹，残疾的身体将是她以后的形象，可是灾难没有打倒她，只要有希望还乐观面对，她就是屹立不倒的英雄。

诺贝尔文学奖的获得者罗素曾说过：“累累伤痕是生命给你的最好礼物。希望是坚韧的拐杖，忍耐是旅行袋，携带它们，人可以登上永恒之旅。”

岁月的打磨过后，我们已经日渐成熟，现在的我们，可以用灿烂的笑脸遮藏阴郁的忧伤，将心潮暗涌深埋在心底，过去的就让它过去，抛开那曾幽怨的一切，一脸阳光地重新投入忙碌的生活。其实我们更应该感谢真实的过往，正是这些刻骨铭心的痛让我们懂得了珍惜生活，珍惜身边的人。

心灵箴言

人生至善，就是对生活乐观，对工作愉快，对事业兴奋。

——[澳] 布兰登

乐观者在一个灾难中看到一个希望，悲观者在一个希望中看到一个灾难。

——英国谚语

一个人应该：活泼而守纪律，天真而不幼稚，勇敢而不鲁莽，倔强而有原则，热情而不冲动，乐观而不盲目。

——[德] 马克思

往往并不是我们的思想决定乐观还是悲观，而是我们生理和病理引起的乐观或者悲观意识形成自己的思想。

——[西班牙] 乌纳穆诺

第四篇

改变自己，好心境铸就好未来

人们在生活中，会面对形形色色的事情，关键是以什么样心态和心境去处理各种各样的问题与矛盾。你无法改变别人的看法，能改变的恰恰只有自己。坏的生活不在于别人的罪恶，而在于自己的心情变得恶劣。

主观上想好好生活，客观上却没有好的生活，原因在于总是寄希望于别人。让生活变好的金钥匙不在别人手里，做自己生活的主人，放弃怨恨和叹息，才能有好的未来。

学会变通，让自己适应世界

故事话题

唐高祖李渊出身于北周的贵族家庭，7 岁袭封唐国公。隋炀帝大业十三年(617)，他官拜太原留守，成为当地最高长官。

公元 615 年，隋朝正处在崩溃的边缘，内乱不止，无暇顾及北方。内地的居民为避乱迁入东突厥，使之强盛起来，成为北方大国，时常侵犯太原边关。

东突厥兵能征善战，李渊与之交战，败多胜少，于是视东突厥为不共戴天之敌。一次，东突厥兵再次来犯，部属都以为李渊这次会与东突厥决一死战，可李渊却另有打算。

时值隋末天下大乱之际，起兵反隋的队伍蜂拥而起，他早已按捺不住。可太原虽是军事重镇，却不足为号令天下之地，但又不能没有这个根据地。如果离太原西进，则不免将一个孤城留给东突厥。经过一番思考，李渊竟派晋阳县令刘文静为使臣，向东突厥称臣。

书中写道："欲大举义兵，远迎圣上，复与贵国和亲，如文帝时故例。大汗肯发兵相应，助我南行，幸而侵暴百姓，若但俗和亲，坐受金帛，亦惟大汗是命。"

唯利是图的东突厥始毕可汗不仅接受了李渊的妥协，还为李渊送去了不少马匹及士兵，增强了李渊的战斗力。李渊举兵南下，只留下了第三子李元吉固守太原。由于没有受到东突厥的侵袭，李渊得以不断从太原得到给养，终于战胜了隋炀帝杨广，建立了大唐王朝。

而唐朝兴盛之后，东突厥不得不向唐朝乞和称臣。

故事解析

李渊以退为进，为自己的雄心大志赢得了时间，赢得了资源。如果不能忍一时，李渊外不能敌突厥之犯，内不能开脱失守行宫之责，腹背受制，简单忍一时成就了立国兴邦的大业。

所谓变通，顾名思义，就是以变化自己为途径，通向成功。每天面对层出不穷的矛盾和变化，是刻舟求剑以不变应万变，还是采取灵活机动的变通方式，学会变通要善于改变自己的思维定势。

人的思维方式常常出现两大定势：一是直线型，不会拐弯抹角，不会逆向思维和发散思维；二是复制型思维，常以过去的经验作为参照，不容易接受新鲜事物。西方有一句谚语：“上帝向你关上一道门，就会给你打开一扇窗。”诗人陆游有诗云：“山重水复疑无路，柳暗花明又一村。”只要我们不拒绝变化，能够改变自己的思维习惯、观念，就能走出困境，开辟新的天地。

故事穿越

《三国演义》中有“曹操煮酒论英雄”的精彩桥段。这一段故事发生在曹操在白门楼勒杀吕布后，带着刘关张三人回到许昌。谋臣劝说曹操早日杀了刘备，免留后患。曹操嘴上说：“实在吾掌握之内，吾何惧哉？”实则还是有所顾虑，刘备之仁义天下共知，而关羽、张飞都是虎狼之将，于是就发生了曹操对刘备的考验。

当时刘备落难，投靠曹操，为防曹操谋害，就在后园种菜，亲自浇灌，以此迷惑曹操，放松对自己的注意。一日，曹操约刘备入府饮酒，议起谁为当世之英雄。刘备挨个数来：袁术、袁绍、刘表、孙策、张绣、张鲁，均被曹操一一贬低。

曹操提出心目中英雄的标准——“胸怀大志，腹有良谋，有包藏宇宙之机，吞吐天地之志。”刘备随口问：“谁是那样的人？”曹操说：“就是你我。”

刘备本以韬晦之计栖身许都，被曹操点破是英雄后，竟吓得把匙箸丢落在地上，恰好当时大雨将至，雷声大作。曹操问刘备为什么把筷子掉了？刘备从容俯拾匙箸，并说：“一雷之威，乃至于此。”曹操说：“雷乃天地阴阳击搏之声，何为惊怕？”刘备说：“我从小害怕雷声，一听见雷声只恨无处躲藏。”自此，曹操认为刘备胸无大志，必不能成气候，也就未把他放在心上。

刘备避免了一场劫难，日后终成霸业。

故事微语

刘备为了自己建功伟业，在曹操领地拼命韬光养晦，仍不免“煮酒论英雄”一劫。他随机应变，演技高超，彻底消除了曹操对他的怀疑和猜忌，大难不死，最后如愿以偿地逃离虎狼之地。这是被广为传颂的经典故事。

学会变通，要有勇气应对变化。

勇气是一个哨音，一声呐喊，一个命令，它的作用就是调动起自己全部的能力去迎接变化和挑战。有一个美国人曾对数百个百万富翁做过一番调查，发现这些百万富翁并非都是名牌大学毕业的，其中不少人是智力平平者，然而他们创新的勇气却大大超过前者。

一个人想学会变通，首先必须鼓足勇气。勇气是人的一种非凡力量，它虽然不能具体地去处理某一个问题，克服某一种困难，但这种精神和心态却能唤醒你心中的潜能，帮助你应对一切变化和困难，免除忧虑哀伤。

心灵箴言

动静屈伸，唯变所适。

——王弼

变则通，通则存，存则强。

——唐才常

规矩备具，而能出于规矩之外；变化不测，而亦不背于规矩之外。

——吕本中

机智是一种光彩夺目的东西，每个人都赞美它，大多数人都立志得到它，所有的人都怕它，但是几乎没有人爱它，除了他们本身的机智。

——[英] 切斯特菲尔德

自我鼓励，给自己一点勇气

故事话题

李自成小时候就爱舞刀弄枪，是村里有名的孩子王。13 岁那年的一天，他和两个小伙伴打打闹闹跑进关帝庙。一个小伙伴指着香案上的一只黑色大铁香炉对李自成说：“你的花拳绣腿算不了什么，你能把这个香炉举过头顶吗？如果能，我们就对你心服口服。”

只见李自成很轻松地用一只手就将大铁香炉举了起来，还走了一圈，然后又稳稳地放下。小伙伴们看得目瞪口呆，李自成却说：光靠蛮力是不会有什么作为的，还得有一身好武艺、真功夫才行！

因为家里的田地被地主兼并了，还欠下一屁股债，父亲病倒了。李自成不得不去给地主家放羊，经常挨饿、挨打。

一天，一只小羊被一头恶狼咬死了，李自成就叫上一起放羊的小伙伴把羊烤着吃了。小伙伴们都很害怕，李自成却豪气万丈地说：羊是狼咬死的，不吃白不吃，早晚都得挨打，肚子饱了挨鞭子总比空肚子挨鞭子好受些。

长大后，李自成变得更加沉稳有心计，专与地主作对，经常出头为朋友和穷人打抱不平。有一年大旱，庄稼颗粒无收，民不聊生。有人建议说大家一起去做强盗，李自成却豪气冲天地说：男子汉大丈夫在世上，怎么能做这等鸡鸣狗盗的事儿！要干就干大事情，要取则取天下。

后来，李自成成为明末农民起义领袖，攻克北京，推翻了明王朝。

故事解析

由故事看出李自成是个特别擅长自我激励的人，无论伙伴的调侃还是与朋友交谈，他说话总是能够产生带动、鼓励的效果，果不其然，长大后他成为农民起义的领袖，推翻了明王朝。

每个人都有勇气，这是自身用不完的财富，要懂得合理利用，否则就等于浪费。

为了别人，我们可以活得那样坚强与自信，可一旦认识到要为自己而活，总是显得那样脆弱无力。不应该把生活想象得过于困难，一切都可以像吃饭和睡觉一样简单。我们不是生而成就的人，不应该惧怕失败与挫折。

很多事情不是做不了，而是缺少勇气和魄力，所以千万不要小看自我激励，它赋予的小小力量很可能就是点燃心中希望之火的那块火石。

给自己一点勇气，勇敢地告诉自己，摒弃失败的回忆，留下身边的美丽，让生命不再随风而逝！

故事穿越

很多人知道新东方创始人俞敏洪参加过3次高考，但想不到曾拖他后腿的竟是他现在的强项——英语。

第一次参加高考，俞敏洪的英语只考了33分。进入复读班后，因为英语基础太差，从未得到过来自老师的鼓励，他都是靠强大的“自我鼓励功能”挺到最后。

第二年高考，英语成绩55分，虽比前一次有进步，但总分不高仍然是落榜。在一片质疑声中，俞敏洪坚持又复读了一年。当年暑假，他还特意参加了英语补习班。有了前两年的积累，加上最后一年的拼命用功，“高五生”俞敏洪英语得了90分，最终被北大录取。

进入北大后，班级聚集了50名来自全国各地的精英分子，“大学期间，我从未进入全班前40名。但我没有因此放弃自己，一天内背不下课文，我就花一周的时间天天背，到最后可以脱口秀。”

俞敏洪的口语有较明显的口音，但他的英语词汇量超过很多海归。每天不论多忙，他都会抽出 5 分钟时间巩固词汇。

“我手机里装有英汉大词典软件。”俞敏洪脑海里库存的 3 万多个词汇，是这么多年每一天巩固的结果。没有丝毫的捷径可走，只有和遗忘规律较劲，每天花一定量时间巩固记忆单词，让词汇在脑海里日久扎根。

“品种再优良的骏马，一刻不停息地奔跑，总有一天会停止；而骆驼在沙漠的漫漫长路，则需要长时间的韧劲坚持下来，相信前方一定会出现绿洲。”

故事微语

俞敏洪就很推崇自我鼓励。当年，在坚持了三年的复读班，英语成绩太差，没有人理会他后，就是凭着自我鼓励，他才终于考取了 90 分的好成绩，进入了北大。

人与人之间的鼓励，总会促使共同的事情更顺利，还能激发出心中最强的那股力量，包括自信心和意志力。

生活是一个人的战斗，在艰难时刻，不能依赖别人来拯救自己，绝大多数时间里面都需要自己救自己。完全依赖别人是对自己的放弃，自甘失败。

最好的鼓励源自于每个人的内心。只有自信、自我鼓励，最后的胜利才会是完美的。他人的鼓励只能是一种催化剂，最根本的是自己心中的那堆反应物。

要学会并且习惯于自我鼓励，自己掌握命运的船舵。在社会无情的竞争中，每个人都应该抱有一种危机意识，永远相信自己、鼓励自己，不断求取自己的进步。这应该成为每个人都必须掌握的生存法则。

心灵箴言

开心时分享，伤心时自励。

——佚名

今天所做之事，勿候明天；自己所做之事，勿候他人。

——[德] 歌德

应当仔细地观察，为的是理解；应当努力地理解，为的是行动。

——[法] 罗曼·罗兰

块块荒田水和泥，深耕细作走东西。老牛亦解韶光贵，不等扬鞭自奋蹄。

——臧克家

耐心等待，成功只垂青于有耐心的人

故事话题

2010 年南非世界杯，不但让广大球迷看到了精彩的球赛，同时也让人有许多人生的感悟。

2010 年 6 月 17 日的小组赛，尼日利亚对阵希腊的比赛中，尼日利亚第 16 分钟先进一球领先。第 33 分钟希腊的托罗西迪斯与尼日利亚的卡伊塔在边线拼抢，托罗西迪斯在球出界后把球抱住，并做出将球掷向对方的动作，但实际上卡伊塔并未碰到球。被激怒的卡伊塔用鞋底蹬向对方，主裁判路易斯直接将其红牌罚下。希腊利用人数优势，加强进攻，在剩下的时间里攻入两球，逆转取胜。

2010 年 6 月 18 日，在法国对阵墨西哥的比赛中，中场休息，法国蓝军更衣室内气氛抑郁。主教练多梅内克在做战术的安排和叮嘱，谈到阿内尔卡时，多帅表示阿内尔卡“待在禁区内的时间太少”“不应该违背战术纪律四处乱跑”。在批评过程中，多梅内克态度虽然严厉，但言辞足够尊重，在失望之余他并没有忘记说话的礼貌。然而当他向阿内尔卡做出若再不改善将有可能被换下场的警告时，阿内尔卡竟然暴怒地辱骂主教练。多梅内克被气得语无伦次，几乎无法正常指挥下半场比赛，法国队最终 0:2 输掉了比赛。

这两场比赛导致的后果是，“非洲雄鹰”尼日利亚小组赛两负一平，失去了出线机会，“雄鹰”在非洲本土折翅。上届世界杯亚军法国队则引发出一系列矛盾——将帅失和、球员罢训，最后导致法国队小组垫底，耻辱出局！

故事解析

小不忍则乱大谋。在足球比赛期间，卡伊塔和阿内尔卡在遭遇别人（对手、教练）的“冒犯”时，都选择了恶毒还击，前者飞脚踢向对手，后者粗口辱骂教练，但他们收获的都不是痛快而是痛苦——卡伊塔被红牌罚下，阿内尔卡则被足协开除，失去了代表祖国比赛的机会同时，也葬送了球队的大好前程。

成功的获取很多时候取决于对它的态度。在求取成功的道路上，你没有耐心去等待成功的到来，那么，你只好用一生的耐心去面对失败。成功只垂青于有耐心的人。

岁月是枝杈纵横的巨树。而生命，是其中飞进飞出的鸟。如果哪一天，你遭遇了人生的冷风冻雨，你的心已经不堪承受，那么，也请你等一等，要知道，这棵巨树正在生活的背风处，为你绽出一种春天的气象，一点一点靠近你。

只要你肯等一等，生活的美好总在你不经意的时候，盛装莅临。

故事穿越

居伊·德·莫泊桑是19世纪后半期法国优秀的批判现实主义作家，与契诃夫、欧·亨利并称“世界三大短篇小说之王”。

从立志写作到30岁时，没有一篇作品能够发表，他开始丧失信心，不再练习写作，想改行经商。家人批评他缺乏耐心，并建议他去拜访比他年长29岁的福楼拜。

福楼拜当时是享誉文坛的大作家，他和蔼地接待了来访的莫泊桑，把莫泊桑让进书斋，指着自己的作品说：当初我也跟你一样灰心过，动摇过，但最后还是坚持下来了，重要的是要有信心、耐心。福楼拜教莫泊桑要有超强的观察力，才能够写出耐人寻味的作品，并让他从对日常生活的观察入手，提高观察能力。

莫泊桑谨遵师嘱，从此他热衷于观察所有事物，逐渐能够在普通的事物中获得与众不同的发现与感悟，另一方面，他勤奋记录、写作，埋头练习。

1876年左拉、莫泊桑、阿莱克西等人成立了自然主义文学集团，文学史称其为梅塘集团。莫泊桑倡议每人以普法战争为题材写一篇小说，1880年结集出版，即《梅塘之夜》。莫泊桑的成名作《羊脂球》即在其中。这是他公开发表的第一篇小说，一举成名。专业文学生涯自此开始。

他再接再厉，一生写了300多篇短篇小说，6部长篇小说，3部游记以及许多关于文学和时政的评论文章。

梅塘之夜

故事微语

文学创作确实是不容易立竿见影收获效益的工作，很多知名的文学家都曾遭遇这类窘境，莫泊桑就是其中一个。因为无法以写作生存，有十多年的时间，他一直担任公务员工作。他最后失去耐心也是情理之中的。所幸他认识了前辈福楼拜，鼓励他，给了他很多指导，打消了他放弃的念头。经过了最黑暗的挣扎，莫泊桑终于一炮而红，功成名就，得偿夙愿。

不要急着要生活给予你所有的答案，有时候，你要拿出耐心等等。即便你向空谷喊话，也要等一会儿，才会听见绵长的回音。也就是说，生活总会给你答案，但不会马上把一切都告诉你。

这才有滋味。这才会等到滋味。譬如，一朵花的开放，一树翠绿的长成，生活的美好，是在我们的等待中一点一点接近我们的。所以，如果你是一个急性子，希望不要苛求生活为你变成急脾气。请让它在慢条斯理中，为你孕育美好。

心灵箴言

耐心等待，风车从不跑去找风。

——[荷兰] 斯克利维斯

真正的幸运在等待着有资格享受的人。

——[古罗马] 斯塔提乌斯

人类的一切智慧是包含在这四个字里面的：“等待”和“希望”。

——[法] 大仲马

字典里最重要的三个词，就是意志、工作、等待。我要在这三块基础上建立我成功的金字塔。

——[法] 巴斯德

放下面子，不为面子而活受罪

故事话题

约在公元728年（唐开元十六年），40多岁的孟浩然来长安应进士举落第了，心情很苦闷，他曾“为文三十载，闭门江汉阴”，学得满腹文章，又得到王维、张九龄为之延誉，已经颇有诗名。这次应试失利，使他大为懊丧，他想直接向皇帝上书，又很犹豫。

据《新唐书·孟浩然传》记载，孟浩然在长安落第后，诗人王维曾经邀请他到自己供职的翰林院见面，谁知不久唐玄宗驾到了。

玄宗的造访对于科试屡屡失败却仍想求取功名的孟浩然来说，无疑是天赐良机。然而，面对机会，孟浩然却在第一时间选择了退避。但王维却不想让孟浩然失去这个千载难逢的机会，于是他“出卖”了孟浩然。

孟浩然从床底下钻出来，一脸尴尬地伏倒在地，拜见皇上。

玄宗虽未责备，但难免不悦，好在他也喜好诗歌，于是和颜悦色起来：“把你的诗拿出来欣赏欣赏吧！”

孟浩然的诗在业界早已得到公认，随便选一首，也能得到玄宗的青睐。可孟浩然却费心吟咏了一首新诗《岁暮归南山》，表达自己仕途不济的牢骚，表面上是一连串的自责自怪，骨子里却是层出不尽的怨天尤人；说的是自己一无可取之言，怨的是才不为世用之情。

诚然，全诗语言丰富，层层辗转反复，风格悠远深厚，韵味无穷。但却很不合当时的情境，结果是白费力气，一无斩获。

故事解析

作为诗人，孟浩然早已名声在外，年轻的李白对他也是推崇有加，然而，孟浩然却因为自负，因为拉不下面子，结果失去了一次晋升的大好机会。

放下面子心理魔影，脸皮厚点，机会多点。放下面子，做一个真实的自己，更快乐地去经营自己。一些事情争或不争并不会对生活甚至整个人生有什么影响，不妨大度一些，退让一些。

不要太在意别人怎么看，怎么评价，那是他们的事，他们的权利，由他们去。不要生气不要恼火更犯不着悲伤，不能拿他人的过错来惩罚自己。我们要放下面子，因为我们要快乐，要魅力十足，要阳光，要更快地茁壮成长，更快地成功。

每个人的贡献都不同，别人说什么真的不重要，不要把别人的建议和意见全部装进自己的大脑，给大脑留一个思考的空间。

故事穿越

何香凝是国民党领袖廖仲恺的革命伴侣，无产阶级革命家廖承志的母亲，是中国民主革命的先驱，妇女运动的领袖，画坛杰出的美术家。抗日战争时期，她已是60多岁的老人，仍不失晚节，留下佳话。

1941年底，太平洋战争爆发，香港沦陷。何香凝老人带领部分家人冒险逃离香港，1942年7月，抵达桂林。

在这里，老人经常靠卖画为生，但当时有钱买画的人很少，年逾花甲的老人不顾年老体衰，和家人一起开辟小农场，养鸡种菜，尽管如此，生活还是十分清苦。就在这时，蒋介石派专人送来亲笔信和10万元支票，邀请老人到重庆。

但正是他，下令逮捕了自己的儿子廖承志及许多共产党员，发动了震惊中外的“皖南事变”……香凝老人不禁面带怒色，在信封上写下：

闲来写画营生活，不使人间造孽钱。

唐伯虎以“闲来写幅丹青卖，不使人间造孽钱”自视清高，而香凝老人的诗句却大义凛然，令人钦佩！

1944年秋，张治中将军来到桂林，奉蒋介石之命再次邀请并馈赠几十万元的路费，老人又一次严词拒绝了，特赋诗一首：

漂泊天涯隐桂林，国愁家恨两相侵。

难行蜀道知何故？道是无因却有因。

不久，日军入侵桂北直逼桂林。桂系的广西省政府也曾邀请老人一道疏散，同样遭到拒绝。香凝老人宁愿同桂林逸仙中学的师生一起逃难，继续过着颠沛流离、艰苦困顿的难民生活，直到日军宣布投降。

10 万

故事微语

何香凝老人有着铮铮铁骨，不畏权贵，老来弥坚，在抗战年月饱受颠沛流离之苦。她不为虚荣的面子随便与杀害亲人的刽子手同流合污，出言掷地有声，以诗明志，大义凛然，反而成为坚持正义的楷模，有了最大的“面子”。

很多时候，与朋友或同事发生的一些大的矛盾或分歧在最起初时也许只是小小的意见不合，而人们为了所谓的“面子”都不愿意退让，怕从此被人看低，最终把小小的不合演变成了不可收拾的争端，两败俱伤。

大部分时候，与别人赌气、与别人争执，最终伤害的却都是我们自己。即使在争端中占了上风，也什么都得不到，而争执会对身心带来伤害。如果能退一步，会收获一份心灵的宁静以及别人的尊敬。

做个生气的记录本，记录下你每次与人发生争执或生气的时间、原因，过一段时间重新翻看一遍，或许你会发现大部份理由都是微不足道，甚至无聊可笑的。

死要面子的人是学不到本领的。只会教人逃避学习，失去工作和发展的机会。坚定自己的信心，宽容他人，虚心向他人求教，才是做好自己工作的正确途径。

心灵箴言

爱名声是最强的虚荣心。

——[西班牙] 桑塔亚那

一切恶行都围绕虚荣心而生。

——法国谚语

阿谀是一种伪币，它只有通过我们的虚荣心才得以流通。

——法国谚语

青年们先可以将中国变成一个有声的中国。大胆地说话，勇敢地进行，忘掉一切利害，推开了古人，将自己的真心的话发表出来。

——鲁迅

享受烦恼，就是享受生活

故事话题

都快 8 岁了，10 以内的加减法还是不开窍，父亲把正在玩打石头的他拽起来，塞给他一个书包说，上学去吧。

父母一天到晚想着他能有一个正经营生。有一年秋天，他蘸着黑墨水，在自己家的围墙上画了一幅画。邻居说，这孩子画得不赖，将来当个画匠吧。

还未确定是否能当画匠，父母发现了他的另一个“长处”。有一次他和隔壁春四家的小子，剪下许多猫猫狗狗的纸样，拿着手电钻进鸡窝里“放电影”。父亲去公社找放映队的人，公社给了他们村一个名额，但属于村支书的儿子。

父母盘算着让他回家种地。就在这时候，他竟然考上了县里的高中。上完高中，他考上一所三流的专科学校。大二的时候，他突然冒出一个想法来：在毕业之前，自己要完成一个小小的愿望，那就是一定要在校报的副刊上发表一篇文章，把自己的名字变成铅字。

他开始疯狂地写东西，写完后，就拿去让教写作的老师看，稍有得到赞许的，就投给校报编辑部。到后来，老师也不愿给看了，他就埋下头来自己琢磨，看了许多的书，也浏览了不少的报刊。然而，所有稿件都如泥牛入海。

他不想把这些凝着自己心血的文稿扔了，抱着试试看的想法向本市的日报社投去几篇，结果被刊发了，然后是省级报刊。从此以后，他更加勤奋了，因为确定自己有了个新的才能。

这个人就是贾平凹。

故事解析

故事是贾平凹在一次笔会上讲的。讲完后，他颇有感慨地说，这个世界上更多的人，是被别人安排着过完一生的，被安排着学哪门技术，被安排着进哪个学校，被安排着在哪个单位上班……却从来没有真正自己为自己安排一件事情去做。人在这时候，最需要有一只凳子，你站上去，才会发现，你还有着许多没有挖掘出来的才能和智慧。而这只凳子，就是突然闯进你心中的一个想法，一个念头。没有这个凳子，你永远看不到梦想，更别说拥有它。

贾平凹是从小就为以后的饭碗烦恼的，一直在积极主动参与寻觅自己擅长的营生，享受着这个烦恼。这个过程也串起了他美好的青少年时光。

人的一生中，烦恼无数。不同的人生阶段有不同的烦恼。一个人的生活不管是美满还是苦闷，都少不了烦恼缠身。旧的烦恼去了，新的烦恼又来了。生活的烦恼交织成人生的悲与喜，生活是烦恼的生活，人生亦是烦恼的人生。

感受烦恼就是感受生活，享受烦恼就是享受生活。享受生活的辛酸与无奈，享受抗争的坚强与执著，享受在物欲横流的现实面前自己更加平和的心态。

故事穿越

著名学者、作家余秋雨有一篇文章叫《把伤痕当酒窝》，是他在世纪之交随香港凤凰卫视“千禧之旅”一行，考察人类各大文明遗迹的经历的日记《千年一叹》中的一篇文章。文中记载了他到约旦，在原台湾驻约旦使官蒯茂松家里做客时的情景。

蒯茂松的太太是一位智慧的老人，她叫杜美如，是当年在大上海鼎鼎有名的大亨杜月笙的女儿。她早年接受了母亲严格的教育，在她的心目中，除了她姓杜以外，从来没有幻想着要沾父亲杜月笙的名气。尽管时光流转，她经历了50多年颠沛流离的生活，但她始终能克服重重磨难。最后，她在约旦开了一家中国餐厅。

杜美如在谈到她的生活时，对余秋雨先生讲过这样一个故事。杜美如说，她曾经在年轻的时候遭遇了一次车祸，骨头断了，多处流血，导致在脸上留下了一个伤痕。

伤痕留下之后，他的丈夫很是为她担心，担心她会因此而陷入焦虑。然而，杜美如并没有像她丈夫想象的那样脆弱，她自我调侃地说：“脸上受伤的地方成了一个大酒窝！”“我们一看，果然，这个‘酒窝’不太自然地在她爽朗的笑声中抖动。”

余秋雨先生在文中写道：“我看着这对突然严肃起来的老夫妻，心想，他们其实有很多烦恼事，只不过长期奉行了一条原则：把一切伤痕都当成酒窝。”

故事微语

“把伤痕当酒窝”，应该是享受烦恼的高级境界了吧，化伤痕为美好，该是多么豁达、乐观的心胸！说这句话的杜美如女士虽然出身大家族，但她一直牢记母亲的劝诫：除了姓杜，无论什么都不要想沾父亲杜月笙的光，一个人打拼了一生，历尽艰辛。可她仍然有良好的心态，居然能把伤痕看作迷人的酒窝。

人们在生活中，会面对形形色色的事情，关键以什么样心态和心境去处理各种各样的问题与矛盾。

我们常常无法去改变别人的看法，能改变的恰恰只有我们自己。坏的生活不在于别人的罪恶，而在于我们的心情变得恶劣。

让生活变好的金钥匙不在别人手里，放弃我们的怨恨和叹息，美好生活就唾手可得。我们主观上本想好好生活，可是客观上却没有好的生活，其原因是总想等待别人来改善生活。不要指望改变别人，自己做生活的主人。

心灵箴言

善恶只在一念之间，悲欢贫富亦复如此。

——[美] 斯宾塞

活着就是纯粹的生活，并不是为了生活以外的事而活。

——余华

我要微笑着面对整个世界,当我微笑的时候全世界都在对我笑

——[美] 乔吉拉德

我们的痛苦不是问题的本身带来的，而是我们对这些问题的看法而产生的。

——佚名

第五篇

突破自己，哀伤时请自我审视

敲门时，上帝总是不在家。而哀伤却那么容易就到来，似乎天空一下雨就止不住。

诗人朗费罗为此感慨不已：“你的命运一如他人，每个生命都会下雨。”下雨时，哀伤时，最值得做的事情就是：审视自己！一分钟不行，再看一分钟，久久地看，一次又一次地看，用一生的经历来看，用最真的爱满怀着希望来看。

看看是不是“所有的雨都会停的”，看看雨后的心灵是不是更洁净、更辽阔、更美丽，是不是还会奇迹般地出现彩虹。

平允做人，偏激是一种心理顽疾

故事话题

央视名嘴白岩松是睿智的，有很强的社会责任感，他的语言华丽中富有诗情画意，活泼中不失深邃，朴实中充满真诚。朴实无华、一身正气，决不哗众取宠，在做事中踏踏实实做人。 自1993年以来，他先后采访了近500个“东方之子”，弘扬了改革精神，唱响了时代主旋律，成为中国直接采访时代人物最多的电视新闻工作者。

他曾评述自己：人的幸福指数是个U型，最低谷是43～48岁。我和各种人打交道的过程中，发现老人的幸福指数是最高的；中年人压力很大，但他们只是默默承担；年轻人展现出的压力最大，没有一代人的青春是容易的。

然后，他淡定地为自己打了70来分，解释说：这与年龄有关，我处在幸福指数的最低谷，但我是个悲观的乐观主义者，我骨子里是悲观的，但真正的悲观者才能乐观地活着。

白岩松曾问赵鑫珊教授，人类科技进步这么快，为什么依然需要听几百年前的音乐来抚慰心灵？她说：“人性的进化是很慢很慢的。”支撑我们前进的不是世界变好了，是我们对世界变好的信心。

他的老乡康红雷说，开心是一天，不开心也是一天，干吗不开心地活着？但做新闻，树欲静而风不止，老战士也有新考验。人到中年更追求一种平静。他给《文汇报》写的新世纪寄语，是平静和反思。平静才能幸福。平静是我的奢侈品。

故事解析

白岩松很认可平静的心态，认为那就是幸福。他还说自己是悲观的乐观主义者，骨子里是悲观的，正是因为彻骨的悲观才催发他乐观地生活。

这个讲述有点拗口，但总结一下不难发现，白岩松具有悲悯情怀，爱心强大，看到所有事物都能够用拟人的方法，给予自己情感上的体恤，心中常有同情、怜惜的感触。入骨的悲观哀伤能够让他清晰地审视自己，让他醒悟到平静的内心才是真。

故事穿越

胡舒立女士现任财新传媒总发行人兼总编辑、财新《新世纪》总编辑，中山大学传播与设计学院院长、教授、博士生导师。她的母亲也是新闻工作者，曾任《工人日报》编辑。外公胡仲持，是著名乡贤、新闻出版界的老前辈，大外公是著名乡贤、原全国人大常委会副委员长胡愈之，是我国新闻出版界的开拓者。她曾撰文《奥运平常心》，被广为传播。

有道是“塞翁失马，焉知非福”。1993 年中国首次申奥失败，令国内外许多人抱憾不已。而现在想来，中国能在自身发展更为成熟的 2008 年举办奥运会，显然要比 2000 年有条件得多、有把握得多。

中国申奥成功是在2001年7月，“后冷战时代”的世界看上去晴空万里。但是，两个月后即有“911事件”发生，全球恐怖主义阴霾翻卷，安宁不再。在几年来“开放奥运”“绿色奥运”“人文奥运”“科技奥运”的种种提法之后，“平安奥运”成为响亮的新口号。

当然，无论安全如何重要，紧张过度是为大忌。奥运会毕竟是一场国际盛会，也是检验中国社会文明开放的一次机会，需要主办者具有自信、开放、友好、成熟、宽容的心态，说到底就是一种平常心。在奥运会召开过程中，平常心应当居于主导地位，非其他考量可以超越。

平常心的道理适用于“平安奥运”，亦适用于其他，适用于今后。“奥运快乐”由平常心而生，快乐应属于每一个人。

故事微语

在激动人心的世界盛事奥运会到来之际，胡舒立却能够发文宣扬平常心精神，这种超脱的淡然与冷静十分可贵，充分体现出她作为媒体人的优秀素质。

人生是一个长期而持续的累积过程，且不如意事常八九、可人心事仅二三。该秉持何种心态至关重要。它关乎到一个人的幸福、健康乃至命运，可以说，心态是人生快乐与否的真正主人。

俗话说得好：“心悦则觉物美，心悲则感事哀”。心态好了，心情就能恬静而舒适，拥有“千江有水千江月，万里无云万里天”的明澈心境，就能轻松简单地做人处世，始终保持一种乐观进取的积极人生态度与激情。

要想保持住一种稳定恒久的平和、豁达、乐观的人生心态，既需要不断提高自己的文化素养、思想修养，也需要注重培养造就自己淡泊名利、宽容做人、厚道处事的品格操守。同时，要善于在遇到复杂多变的情况时，能冷静、客观、超越、机敏地及时认识和发现其中蕴含的积极、有利和向上的一面，借以正向激励自己去积极应对。

心灵箴言

少欲则心静，心静则事简。

——薛宣

胸怀广大，须从平淡二字用功。

——蔡锷

谁知将相王侯外，别有优游快活人。

——白居易

我们每个人在内心深处都觉得，对于生命持一种无忧无虑的淡泊态度，将抵偿他自身的一切缺点。

——[美] 威廉·詹姆斯

平和处事，愤怒是你自己的敌人

故事话题

李嘉诚这个名字，自 20 世纪 70 年代以来一直震撼着世界。他刻苦诚实、孜孜不倦的个人奋斗精神和独到的判断力、果敢的决策力以及善于用人，构成了成功的要素。

李嘉诚出生于潮州城面线巷内的书香之家，自幼聪颖超脱，学习勤奋。1939 年，因日寇侵占潮汕随父母流落香港，饱尝了战乱、贫穷、饥馑之苦，也培养了吃苦耐劳、奋发图强的精神。

1950 年，22 岁的李嘉诚以中华民族的母亲河命名，初创了“长江塑胶厂”，表达了他的赤子之心。经过数十年的努力，1988 年他已拥有“长实”“和黄”“港灯”等五大公司，100 多家附属公司和 50 多家联营公司，形成资金雄厚、实力强大的李氏“经济王国”。

2000 年，他本人成为全球五大富豪之一。李先生已从面线巷走向世界，地位如此显赫但他并没有因此不可一世、颐指气使，依然是那样的谦逊、平和。

有一次，李先生参加汕头大学的奠基典礼。本来，作为汕大创建人，他应是当之无愧地在贵宾签名册首页写下自己的名字，但他没有这样，而是签在第三页上。在随后的宴会中，他不论地位高低，跟每一位宾客敬酒、握手、交谈，丝毫没有给人“隔离感”。

这位伟大的企业家，尽管获得无数殊荣，他依然把自己看作一个平常人、一个市民和一个商人，并尽一切所能贡献社会，几十年来，他向各界捐款逾 38 亿港元。

故事解析

李嘉诚因为旗下企业实力雄厚，是华人中最为炙手可热的人物。这样一个大企业家，由白手起家开始，经历了超出普通人无数倍的磨难，才有了今日的荣耀。江山易改，秉性难移，老人还是那么平和、质朴、谦逊，处身纷纭复杂、云谲波诡的商界能够独善起身，难能可贵，令人感动。

耐心分析会发现，反而变数较大的商界需要有平和的心态，保持客观分析、冷静判断的能力是很重要的，所以李嘉诚老人商海沉浮半个多世纪，只能被历练得更加淡定、平和，几乎不会有太大的情绪波动。这才是经商最好的心态。

对于普通人的人生其实是一样的，生活熙熙攘攘，人潮涌动，其纷杂不减商界，每个人处身其中都很容易受到干扰，失却内心的平静，甚至会因某些人、事怒火中烧，对自身健康造成不良影响。能够不被世俗漩涡裹挟就是迫在眉睫需要完成的修养。

拓展自己的心胸，多换位思考，原谅所能原谅的一切，去做自己喜欢的事，积极行动起来，调剂内心很简单。

故事穿越

美国人尼尔·奥尔登·阿姆斯特朗是第一个登上月球的人，这已经是常识。1969年7月20日，由阿姆斯特朗操纵“鹰”号登月舱在月球表面着陆，于美国时间当天下午10时左右阿姆斯特朗率先踏上月球那荒凉而沉寂的土地，成为第一个登上月球并在月球上行走的人。当时他说出了此后在无数场合常被引用的名言：“这是个人迈出的一小步，但却是人类迈出的一大步。”

这无疑是阿姆斯特朗个人毕生最大的荣誉和成就，他因此成为人类的骄子。然而，他并不是一个人参与登月行动的，载他飞向月球的“阿波罗-11”号宇宙飞船里面包括他在内，有两名宇航员，另一名是巴兹·奥尔德林。

两个人都知道第一个把脚踩在月球上意味着什么，但飞船的下落梯只允许一个人先下去。如果两人为了“第一”这个头衔争执的话，谁也不知道会发生怎样的后果。就在那个时候，奥尔德林对他的伙伴说：“你先下去吧！”

多么豪迈的气度！阿姆斯特朗被感动了，面对这么好的朋友，他坚持不肯自己先下去。看到好朋友为难的样子，奥尔德林说：“别担心，你会成为登上月球的第一人，而我会成为返回地球的第一人。回去的时候，我会第一个走下去的。”

历史忠实地记录下他们的足迹，巴兹·奥尔德林成为了第二位登上月球及第一位安全返回地球的人。

故事微语

人类首次登上月球的事所有人都知道，却有很多人不知道，在荣耀至极的一刻的背后，还有这样一个温馨动人的小故事。

正因为有了奥尔德林的宽容、谦让，登月事件才会顺利进行，阿姆斯特朗也是言出必行的绅士，按照两人说好的，奥尔德林是第一个返回地球的人，两个人看起来是扯平了，然而，同样的两个第一，质的差别却是天壤之远。奥尔德林为此失去了多少荣誉乃至机遇，无疑他是最让人感动的牺牲者，让人同情、爱戴。

两人在紧要关头的很短时间内，平和地解决了意义非凡的大事件，没有纷争，因奥尔德林个人的隐忍保证了人类首次登月壮举的完美演进，两个宇航员既是专业英雄又是人们道德的楷模，值得受到永久的敬仰。

宽容是人际最好的润滑剂。

心灵箴言

宽广的河流平静，有教养的人谦逊。

——蒙古谚语

热不可除，而热恼可除，秋在清凉台上。穷不可除，而穷愁可除，春在安乐窝中。

——山阴金

心安身自安，身安室自宽。心与身俱安，何事能相干。谁谓一身小，其安若泰山。谁谓一室小，宽如天地间。

——邵雍

如果我们只是一味追求金钱和权力，而置人类高尚情操于不顾的话，那么，一切进步及财富创造都将变得毫无意义。

——李嘉诚

有容乃大，忍小事成大事

故事话题

美国第十六任总统林肯在竞选总统期间，有一次在参议院演说时，遭到一个参议员的羞辱。参议员说："林肯先生，在你开始演讲之前，我希望你记住自己是个鞋匠的儿子。"

"我非常感谢你使我记起了我的父亲，他已经过世了，我一定记住你的忠告，我知道我做总统无法像我父亲做鞋匠那样好。"

参议院陷入了一片沉默。林肯转过头对那个傲慢的参议员说："据我所知，我的父亲以前也为你的家人做过鞋子，如果你的鞋子不合脚，我可以帮你改正它。虽然我不是伟大的鞋匠，但我从小就跟我的父亲学会了做鞋子的技术。"

林肯又面对所有参议员说："对参议院的任何人都一样，如果你们穿的那双鞋是我父亲做的，而他们需要修理或改善，我一定尽可能地帮忙。但有一点可以肯定，他的手艺是无人能比的。"说到这里，所有的嘲笑都变成了真诚的掌声。

有人批评林肯总统对待政敌的态度："你为什么试图让他们变成朋友呢？你应该想办法打击他们、消灭他们才对。"

"我们难道不是在消灭政敌吗？当我们成为朋友时，政敌就不存在了。"林肯总统温和地说。这就是林肯总统消灭政敌的方法——将敌人变成朋友。

他，两度被选为美国总统。

在美国林肯纪念馆墙壁上刻着这样一段话：对任何人不怀恶意；对一切人宽大仁爱；坚持正义，这是上帝的旨意。

故事解析

美国独立后最伟大的总统林肯，在其竞选中遭受羞辱。林肯沉着应变，感情深挚地讲起了自己的父亲——一位优秀的鞋匠，并且谦虚地说，自己做总统不会超过父亲做鞋。这也流露出林肯对总统职位的豁达看法：一份工作而已，显示出他超脱的伟岸。

林肯消灭敌人的方法可以说深具独创性，化敌为友，此消彼长，又彰显了他广博的胸怀，敌人也能容纳。林肯就是这样的出类拔萃，成为人民最爱戴的领袖。

“海纳百川，有容乃大”是清代民族英雄林则徐写的一副自勉对联的上联，其意思为：大海之所以伟大，是因为它有接纳百川的气度和容量。林则徐借此勉励自己，无论是当官还是做人，都要像大海一样“有容”，有大海一样宽广的胸襟。

君子坦荡荡，小人长戚戚。唯有胸怀坦荡方能成大事，包容是人的第一美德。宽容就如冬天的阳光，能融化冰雪。

故事穿越

2004年雅典奥运会男子单杠决赛中，28岁的俄罗斯名将涅莫夫第三个出场，他最擅长的是连续腾空抓杠的高难度动作，这次他仍然以这个动作为亮点，漂亮地完成了全部动作，全场观众为之疯狂。但落地的一刻，他向前迈了一小步，不是很稳定，裁判因此只给他打了9.725分。

没想到，这引发了奥运史上第一次出现的一个现象：全场观众都站起来了，不停地挥舞手臂，喊着涅莫夫的名字，用持久而响亮的嘘声表达对裁判的愤怒，比赛被迫中断。第四个出场的美国选手保罗·哈姆虽已准备就绪，却只能尴尬地站在原地。

已下场的涅莫夫从座位上站起来，向朝他欢呼的观众挥手致意，并深深地鞠躬，感谢他们对自己的喜爱和支持。涅莫夫的大度却进一步激发了观众的不满，嘘声更响了，一部分观众甚至伸出双拳，拇指朝下，做出不文雅的动作。

观众施加的压力如此巨大，裁判被迫重新给涅莫夫打了9.762分，可是观众并不买账，高亢的嘘声再次响成一片。

涅莫夫重新回到赛场，举起右臂向观众致意，并深深地鞠了一躬，表示感谢；接着，他伸出右手食指做出噤声的手势，然后将双手下压，请求和劝慰观众保持冷静，给保罗·哈姆一个安静的比赛环境。

中断了十几分钟的比赛总算得以继续进行。

那次比赛涅莫夫没有拿到金牌，但他却以自己的宽容成为所有人心目中的“冠军”。

故事微语

涅莫夫是个很有气量的人，即使裁判给他的分数偏低，他也并未怀恨在心，依然积极协调现场情况，直到观众们都安静下来，比赛继续进行。他的宽容解决了奥运会史上第一次观众喝倒彩的事件，使之没有造成不好的结果。

涅莫夫的所作所为体现了真正的奥运精神，所以是人们心目中实至名归的冠军。

宽容就是有这样的力量，平息怒火，实现平和。遇事能够冷静、从容的宽容者会给人们以非凡的印象，高尚超脱，让人们高山仰止。

失去了一次比赛的冠军，却树立起光辉的形象，忍小事成大事，宽容会带你远离哀伤。

心灵箴言

与人为善就是善于宽谅。

——[美] 弗罗斯特

宽宏精神是一切事物中最伟大的。

——[英] 欧文

宽容并不是姑息错误和软弱，而是一种坚强和勇敢。

——周向潮

宽容就像天上的细雨滋润着大地。它赐福于宽容的人，也赐福于被宽容的人。

——[英] 莎士比亚

天道酬勤，业精于勤荒于嬉

故事话题

天道酬勤，是指一分耕耘，一分收获，是古今中外所称道的多劳多得。没有人能只依靠天分成功。上帝给予了天分，勤奋将天分变为天才。

曾国藩是中国历史上最有影响的人物之一，然而他小时候的天赋却不高。有一天在家读书，对一篇文章重复了不知道多少遍，还在朗读，因为，他还没有背下来。

这时候他家来了一个贼，潜伏在他的屋檐下，希望等读书人睡觉之后捞点好处。可是等啊等，就是不见他睡觉，还是翻来复去地读那篇文章。

贼人大怒，跳出来说，“这种水平读什么书？”然后将那文章背诵一遍，扬长而去！

贼人是很聪明，至少比曾先生要聪明，但是他只能成为贼，而曾先生却成为毛泽东都钦佩的人：“近代最有大本大源的人。”“勤能补拙是良训，一分辛苦一分才。”

那贼的记忆力真好，听过几遍的文章就能背下来，而且行事果敢，看到没有希望得逞居然跳出来“大怒”，用自己的聪慧教训别人，以解未能成行之气。但是遗憾的是，他名不见经传，曾先生后来启用了一大批人才，按说这位贼人与曾先生有一面之交，大可去施展一二，可惜，他的天赋没有加上勤奋，变得不知所终。

伟大的成功和辛勤的劳动是成正比的，有一分劳动就有一分收获，日积月累，从少到多，奇迹可就。

故事解析

这个故事讲述了童年时期曾国藩的一次奇遇，一个学习能力很强的盗贼却不去勤奋努力进取，而靠偷偷摸摸苟且存活，发泄激愤后便销声匿迹；而勤奋刻苦的曾国藩虽然学习的能力比较低，甚至遭到窃贼的嘲弄，却成为栋梁之材。两人还都很讲“气节”，盗贼小人之志，以自己的过耳不忘讥讽了曾国藩，为自己失败的行窃挽回一点心理上的安慰，而曾国藩一直都记着这个特别的贼，在他成人后还希望能够再次会面，相互酬酢。

每个人都会对现实生活的种种不如意心存不满，渴望尽可能地提升自己生命的价值，但是一味地抱怨、哀伤是不会起到任何作用的，明智、坚强的人都会寻找正面、积极的办法，而勤奋就是最好、门槛最低的路径。俗话说：“闻鸡起舞早耕耘，天道酬勤有志人。”从古到今上苍就特别喜欢酬报勤奋的人，只要下了苦功夫必然会有所成就的。而勤奋的方法简单易行，谁都可以做到，对于所有人都是非常公平起见的，能够坚持不懈的人就能成功。

故事穿越

孔子是我国春秋时期著名的思想家、教育家、政治家，是儒家学说的创始人。他之所以能成为弟子三千、名扬四海的圣人，是和他小时候的刻苦勤奋分不开的。

孔子的母亲在他刚刚 3 岁的时候，就教他读书识字，4 岁时他已会念百余字了。有一天妈妈说：“昨天我教你的字会背了吗？”孔丘说：“都记住了。”妈妈说：“那好，明天一早我考考你。”

晚上孔丘是和哥哥在一起睡觉。这天晚上，他钻入被窝后对哥哥说："哥哥，妈妈教给你的字都记住了吗？"哥哥道："都记住了。你呢？"孔丘说："我已经练了多遍，也许都记住了，可又没有把握，明天一早娘要考我，若有不会的，娘一定非常伤心和难过。不行，我一定要起来再多练几遍。"

哥哥被他这种刻苦学习、孝顺母亲的精神所感动，心疼地说："天气凉了，别起来练了，就在我的肚子上写吧。我能觉出对错，也好对你写的做个检查！"于是，小孔丘就在哥哥的胸口上写了起来，每写一字，就念出声来，写到最后不知不觉睡着了。哥哥验完最后一个字，听着他均匀的呼吸，望着他甜中带笑的睡容，既心疼又爱怜地笑了。

第二天一早，他一遍就通过了母亲的考核。母亲惊喜道："这孩子真神了，前天教了他那么多字，只过了一天，就如此滚瓜烂熟，将来准能干大事啊！"孔丘望着母亲欣喜的面容，高兴地笑了。

故事微语

孔子也是通过刻苦勤奋，取得了自己的成就。而且他还特别孝顺母亲，他没有温习好功课会担心母亲因此难过伤心。就是在双重因素作用下，孔子日夜苦读，最终成为圣人。

现实生活中向来就没有一劳永逸的宝座等待你稳坐，也没有百日香艳的花朵可供你赏心悦目，更没有堆积如山的金银财宝遗留给你铺张浪费。唯有你脚踏实地地干好每一天的每一件事情，才能取得自己所要的东西；也唯有你专心致志地博学好问，才能采集自己想要的喜悦。只要你肯付出就一定有收获，不管是成功还是失败。收获成功是滋润心田的喜事，但收获失败也是一种温馨提醒的好事。

成功的背后一定是善于苦干加巧干的结晶。只有你时常埋头苦干、苦心孤诣，才能博取辉煌的胜利。

在前进的道路上，鲜花往往都仅仅是为辛勤的耕耘者绽放馨香；累累硕果也都只是为谦虚谨慎的人采摘。

心灵箴言

哪儿有勤奋，哪儿就有成功。

——英国谚语

天才就是无止境刻苦勤奋的能力。

——[英格兰] 卡莱尔

没有加倍的勤奋，就既没有才能，也没有天才。

——[俄] 门捷列夫

我们越是忙越能强烈地感到我们是活着，越能意识到我们生命的存在。

——[德] 康德

力争上游，安于现状要不得

故事话题

他是一个私生子，父亲是一个占卜者，没有能力负担他和母亲，母亲不得不嫁给已经有了 11 个孩子的男人。12 个孩子，境况可想而知。他的童年泪水远多于欢笑。

他从 11 岁就开始外出打零工。14 岁他在一家罐头厂做童工，每天工作长达 10 个小时，仅仅能得到一美元。不久，他想方设法借了一些钱，买了一条小船，加入偷袭私人牡蛎场的队伍，结果被渔场巡逻队抓获，罚做苦力。出来以后，他去远东当水手，但境况并未好转。18 岁的时候，他又因为领导失业者组织向华盛顿出发，被以“践踏国会草坪”罪名拘捕……监狱、警察局几乎成了他的家。

尽管如此，他对生活并没有丧失信心，始终相信自己能亲手推开生活紧闭的门扉。20 岁那年，他考进了加州大学，但因为交不起学费，一年后被迫退学，他去了阿拉斯加淘金。然而，黄金没有淘到，他却染了一身重病回到家里。

躺在床上，他萌发了写作的愿望，丰富的生活经历，铸就了他第一篇小说——《给猎人》。小说发表之后，他一发不可收拾，两年后，他出版了第一部短篇小说集《狼之子》。至此，这个和生活拼搏了 20 多个年头的年轻人，终于为自己打开了生活的一扇小门。

33 岁的时候，他写出了自己的代表作《马丁·伊登》，他就是“世界三大短篇小说大师”之一的杰克·伦敦。

《给猎人》

故事解析

杰克·伦敦从小就开始自立生活，一直勤奋劳作，努力挣扎，为改善自己的生活而奋斗，从未停顿。

由于起点太低，他饱受生活的折磨，遍尝人间辛酸。丰富的阅历为他的写作生涯奠定了雄厚的基础，他在写作道路上迅速攀升，不仅收入可观，解决了温饱问题，在文学风格上也自成一派，名震一时。

每个人都是在滚滚红尘中追名逐利，向往富贵荣华的快乐生活，不再为生存而苦苦挣扎，过上幸福美满的日子。孟子云：“生于忧患，死于安乐。”从古到今，过分安逸的生活曾经葬送了许许多多原本应该在人世间有所作为的生命。

一个人不能贪图安逸，一个民族不能贪图安逸，一个国家不能贪图安逸。贪图安逸的人注定是玩物丧志、无所作为；贪图安逸的民族注定是没落的，没有活力和创造力；贪图安逸的国家在国际竞争日趋激烈的形势下势必被淘汰、被抛弃。

成功和失败，可能只有一步之遥，如果贪图安逸，不想多迈一步，就可能与成功擦肩而过，留下遗憾。

故事穿越

他出生后不久，就得了场大病，医院下达了病危通知书，但最后他还是奇迹般地活了过来，只是留下了瘸腿的后遗症。

6 岁那年，父亲带着全部家产离开了家，留下他们三兄弟和母亲相依为命。由于经济的拮据，他到 8 岁才开始上小学。尽管学习很努力，但由于家庭事务的分心，他的成绩一直排在倒数几名。尤其糟糕的是，同学们总是嘲笑他身体上的残疾，捉弄他，令他很自卑。

14 岁那年，他进了纽约一所比较好的中学读书，他拜学校最有名的老师学习画画。他以为命运能从此改变，不料一场大病让他休学一年，画画的事情泡了汤。

他不相信自己会永远走背运，他索性退了学，对家人说，你们看着吧，不出 10 年，我将成为美国最有钱的人之一。他一无所有，家人只把他的话看作贫穷生活的一点毫无意义的安慰。

他拿着亲朋好友凑起来的 200 美元，一个人到了洛杉矶，认识了一批和自己一样抱着发财梦的年轻人。然而，一年拼搏下来，他没有赚到一分钱，他开始反思自己。

1993 年，他和一个朋友合伙开了一家公司，当年他赚到了第一桶金：9000 美元。1995 年，他已经有了 100 万美元的财富，但他还不满足，他跳出来，自己成立了一家投资管理咨询公司。

他就是丹尼斯·蒂托，全美第三大投资管理咨询公司威尔希尔集团公司的创建者，2001 年他支付了 2000 万美元，成为人类历史上首位自费的太空游客。

故事微语

丹尼斯·蒂托常对员工说的一句话是："卑微和挫折，在一个人的理想下根本不算什么，鄙视他，每个人都可以成为拯救自己的上帝。"当年，他就是怀揣梦想闯天下，白手起家，成为亿万富翁。

在现实生活中，我们渴望一展才华的机会，早日找到人生的梦想舞台，然而，当机会来临的时候，又会百般顾忌，犹豫不决，踌躇不前，以至于错失了一个又一个实现梦想的机会，最终落得一连串的遗憾。

我们经常贪恋自认为温暖的小窝，贪恋那份随遇而安的满足，甚至于为了贪图小利、满足现状而委曲求全，默默无闻地度过一生。有时候，可能我们什么都不缺，唯独缺少大声说一句"让我试试"的勇气！

没有一种成功能够天然实现，只有敢于积极进取，才能做自己的上帝。

心灵箴言

把活着的每一天看作生命的最后一天。

——[美] 海伦·凯勒

取得成就时坚持不懈，要比遭到失败时顽强不屈更重要。

——[法] 拉罗什夫科

走得最慢的人，只要他不丧失目标，也比漫无目的徘徊的人走得快。

——[德] 莱辛

人的生命似洪水在奔流，不遇着岛屿、暗礁，难以激起美丽的浪花。

——[苏联] 奥斯特洛夫斯基

心灵榜样微史话

林依晨

1982 年 10 月 29 日出生于台湾省宜兰县，中国台湾女演员、歌手。2000 年，林依晨参加《台北捷运报》举办的“第一届捷运超美少女比赛”夺冠。2001 年，她考入政治大学韩文系，其后陆续参与 MV 与广告的拍摄。2002 年正式出道，处女作是《十八岁的约定》。2003 年凭借《飞跃情海》入围“金马奖”最佳女主角及最佳新演员。2006 年凭借主演《天外飞仙》而成功进军内地市场。2008 年和 2012 年分别凭借《恶作剧之吻》和《我可能不会爱你》两次获“金钟奖”戏剧节目女主角奖。作为歌手，林依晨在 2009 年 10 月发行了首张个人专辑《幸福遇见》，2010 年 8 月发行第二张专辑《美好的旅行》。

孔子

前 551 年 9 月 28 日—前 479 年 4 月 11 日，华夏族，孔氏，名丘，字仲尼。是春秋末期著名的思想家、政治家、教育家，为儒家学派的创始人，开创了私人讲学的风气。被誉为“天纵之圣”“天之木铎”，是当时社会上的最博学者之一，被后世统治者尊为孔圣人、至圣、 至圣先师、万世师表、文宣皇帝、文宣王，是“世界十人文化名人”之首。

汤显祖

中国古代伟大的浪漫主义戏曲家、文学家，被誉为东方的“莎士比亚”。字义仍，号海若、若士、清远道人。出身书香门第，早有才名，他不仅于古文诗词颇精，而且能通天文地理、医药卜筮诸书。34 岁中进士，在南京先后任太常寺博士、詹事府主簿和礼部祠祭司主事。

明万历十九年（1591），他目睹当时官僚腐败愤而上《论辅臣科臣疏》，触怒了皇帝而被贬为徐闻典史，后调任浙江遂昌县知县，一任5年，政绩斐然，却因压制豪强，触怒权贵而招致上司的非议和地方势力的反对，终于万历二十六年（1598）愤而弃官归里。家居期间，一方面希望有“起报知遇”之日，一方面却又指望“朝廷有威风之臣，郡邑无饿虎之吏，吟咏升平，每年添一卷诗足矣”。后逐渐打消仕进之念，潜心于戏剧及诗词创作。在汤显祖多方面的成就中，以戏曲创作为最，其戏剧作品《牡丹亭》《紫钗记》《南柯记》《邯郸记》合称“临川四梦”，其中《牡丹亭》是他的代表作。汤氏的专著《宜黄县戏神清源师庙记》也是中国戏曲史上论述戏剧表演的一篇重要文献，对导演学起了拓荒开路的作用。汤显祖还是一位杰出的诗人。其诗作有《玉茗堂全集》4卷、《红泉逸草》1卷，《问棘邮草》2卷。

路德维希·凡·贝多芬

德国著名的作曲家和音乐家，维也纳古典乐派代表人物之一，是“集古典主义之大成，开浪漫主义之先河”的伟大音乐家。他创作的作品对音乐发展有着深远的影响。他一共创作了9首编号交响曲、35首钢琴奏鸣曲（其中后32首带有编号）、10部小提琴奏鸣曲、16首弦乐四重奏、1部歌剧、2部弥撒、1部清唱剧与3部康塔塔，另外还有大量室内乐、艺术歌曲、舞曲。他的作品对世界音乐的发展有着非常深远的影响，因此被尊称为乐圣，在世界交响音乐界，有着极其崇高的地位。著名作品有交响乐《英雄》（第三交响曲）、《命运交响曲》（第五交响曲）、《田园交响曲》（第六交响曲）、《合唱》（第九交响曲，其中著名乐段《欢乐颂》在第四乐章），钢琴奏鸣曲《悲怆》《月光》《暴风雨》《热情》，弦乐四重奏《大赋格》等。

詹姆斯·普雷斯科特·焦耳

1818年12月24日—1889年10月11日，英国物理学家，出生于曼彻斯特近郊的沙弗特。由于他在热学、热力学和电方面的贡献，皇家学会授予他最高荣誉的科普利奖章。后人为了纪念他，把能量或功的单位命名为“焦耳”，简称“焦”；并用焦耳姓氏的第一个字母“J”来标记热量以及“功”的物理量。

玛格丽特·希尔达·撒切尔

英国右翼政治家，第 49 任英国首相，1979—1990 年在任，她是至今为止英国唯一一位女首相，也是自 19 世纪初利物浦伯爵以来连任时间最长的英国首相。她的政治哲学与政策主张被通称为“撒切尔主义”，在任首相期间，对英国的经济、社会与文化面貌作出了既深且广的改变。在担任首相前后高姿态地反对共产主义，而被前苏联媒体戏称为“铁娘子”，这个绰号甚至已成为了她的主要标志。

1970 年，进入爱德华·希思内阁担任教育及科学大臣。1975 年出任保守党党魁，1979 年率领保守党重夺政权，展开保守党长达 18 年的执政。其领导保守党在 1979 年、1983 年和 1987 年 3 次大选中接连胜出，仅次于哈罗德·威尔逊。1990 年未能击败党内对手迈克尔·赫尔塞廷，宣布辞职，其后她所属意的候选人财政大臣约翰·梅杰参选并最终获胜，11 月 28 日正式离任，结束长达 11 年半的执政。1990 年下台后，继任的保守党约翰·梅杰政府以及工党托尼·布莱尔政府，依然沿行了她所推行的经济变革政策，该政策方向持续到 2008 年世界金融危机爆发。

撒切尔夫人曾 4 次访问中国，并于 1984 年在北京代表联合王国和中国签署了《中英关于香港问题的联合声明》，为香港回归中国奠定了坚实的政治基础。

比尔·盖茨

全名威廉·亨利·盖茨（William Henry Gates），美国微软公司的前任董事长。首屈一指的科技天才，大慈善家、环保人，与保罗·艾伦创办微软公司，曾任微软首席执行官和首席软件设计师。

阿列克谢·涅莫夫

俄罗斯著名体操运动员，1996 年美国亚特兰大奥运会，获得男子跳马第一名，单杠、自由体操、鞍马第三名，个人全能第二名，团体组赛第一名。2000 年澳大利亚悉尼奥运会，荣获男子体操个人全能、单杠冠军，自由体操亚军，鞍马第三名，跳马第四名，团体组赛第二名。

杰克·伦敦

原名为约翰·格利菲斯·伦敦，美国著名的现实主义作家，生于旧金山。在一个既无固定职业又无固定居所的家庭中长大。24 岁开始写作，去世时年仅 40 岁。从 1900 年起，他连续发表和出版了许多小说，讲述美国下层人民的生活故事，揭露资本主义社会的罪恶。他的作品大都带有浓厚的社会主义和个人主义色彩。他的作品在全世界都广为流传，是最受中国读者欢迎的外国作家之一。他一生著述颇丰，16 年中留下了 19 部长篇小说、150 多篇短篇小说以及大量文学报告集，还写了 3 个剧本以及相当多的随笔和论文。最著名的有《马丁·伊登》《野性的呼唤》《白牙》《热爱生命》《海狼》《铁蹄》等小说。这些作品共同为读者展示了一个陌生又异常广阔的世界：那荒凉空旷又蕴藏宝藏的阿拉斯加，波涛汹涌岛屿星罗棋布的太平洋，横贯美洲大陆的铁路线，形形色色的鲜活人物，人与自然的严酷搏斗，人与人之间错综复杂的社会关系。他是世界文学史上最早的商业作家之一，因此被誉为商业作家的先锋。

丹尼斯·蒂托

1940 年 8 月 8 日出生于纽约。纽约大学航天学学士，伦斯勒工业学院工程科学硕士和名誉博士，曾经是 NASA 喷气推进实验室科学家。1972 年在加利福尼亚成立维尔夏公司投资公司。1998 年开始，维尔夏公司就已经成为美国第三大投资管理资讯公司。2001 年 4 月 28 日，当蒂托成功登陆国际空间站时，他成为全世界第一位太空游客。为了“天上”八日的旅行，他支付了 2000 万美元的费用。

心灵修养用语微解

平允： 公平适当；性情谦和。

耐心： 有耐性；不厌烦；耐性；不急躁（性格）。

勇气： 从心理学角度来说，勇气是个体意志过程中的果断性和具有积极主动性的个性心理特征相结合而产生的士气状态。

哀伤： 悲痛忧伤。哀，悲痛；悼念；旧时称死去的母亲；悲乐。伤，受损坏的地方；损害；因某种致病因素而得病；因过度而感到厌烦；妨碍；悲哀；得罪。

愤怒： 是指当愿望不能实现或为达到目的的行动受到挫折时引起的一种紧张而不愉快的情绪。愤怒被看作一种原始的情绪，它在动物身上是与求生、争夺食物和配偶等行为联系着的。

挫折： 是指人们在有目的的活动中，遇到无法克服或自以为无法克服的障碍或干扰，使其需要或动机不能得到满足而产生的障碍。心理学指个体有目的的行为受到阻碍而产生的紧张状态与情绪反应。

面子： 是丰富的中文词汇里一个古老的概念，熟悉得以至于让人熟视无睹。这是一种由结果判断成因的举动。即人们在无法得知某人的才华能力或权力地位的时候，就由观察其是否能博得面子来判断其为人。

偏激： 思想、言论等过火，不适当：即语言、思想、认识过于极端、没有任何余地。思想偏激，偏激的语言。中性词，但因常被误用而带有贬义。经常被误用作对于和官方主流思想不一致，对现实不满但未构成犯罪的人给予的一种戴帽式攻击手段。

平和： 性情或言行温和；药物作用温和；平静，安宁；方言，纷扰停息；一种相对较为稳定的状态，主要是表现在一个人的言语之上。

忍：是心气不足需积聚能量，“韧”是身体的能量未足量，而又在信念力的支撑下持续积聚能量所表现出来的一种性状，待机缘能量具足，机缘成熟，自然水到渠成。

幸福：是一种感受良好时的生活状态。它不等同于快乐、快感，不是短暂的，易逝的，获得并不简单。幸福包含着对现在的满足和对未来的希望。幸福划分为3个维度——快乐、投入、意义。每个维度的幸福都是好的，但是将浅层次的快乐转化为深远的满足感和持久的幸福感是一件益处更大的事情。对于幸福的理解涉及了哲学、心理学、社会学、经济学、文化学等多个学科。

自我审视：对自己的言行进行回顾反思，就是与自己对话，就是自我反省、自我教育、自我发现。

不屈不挠：屈：弯曲，屈服。挠：弯曲。比喻在压力、邪恶势力和困难面前不屈服、不低头，表现十分顽强。

从容：意指人镇定、时间充裕或休息。

自我鼓励：即自我激励，是指个体具有不需要外界奖励和惩罚作为激励手段，能为设定的目标自我努力工作的一种心理特征。自我激励是一个人迈向成功的引擎。

有容乃大：“受益惟谦，有容乃大”最早见之于明代兵部尚书太子太保袁可立在河南睢州自己“弗过堂”中所著的自勉联。200年后又有清末民族英雄林则徐题于书室的八字联：“海纳百川，有容乃大；壁立千仞，无欲则刚。”本意是比喻像大海一样的宽广胸襟。这是以大海能容纳无数江河细流的无限容量来形容人的超常气度。